SYNOPSIS

DES

HÉMIPTÈRES-HÉTÉROPTÈRES

DE FRANCE,

PAR LE DOCTEUR PUTON,

Membre des Sociétés Entomologiques de France, de Belgique, de Suisse, d'Italie, de Berlin, de la Société I.-R. de Zoologie et de Botanique de Vienne, de la Société des Sciences, de l'Agriculture et des Arts de Lille, etc.

3e PARTIE

REDUVIDES, SALDIDES, HYDROCORISES.

REMIREMONT,

CHEZ L'AUTEUR.

1880

SYNOPSIS

DES

HÉMIPTÈRES-HÉTÉROPTÈRES

DE FRANCE.

LILLE. — IMPRIMERIE L. DANEL.

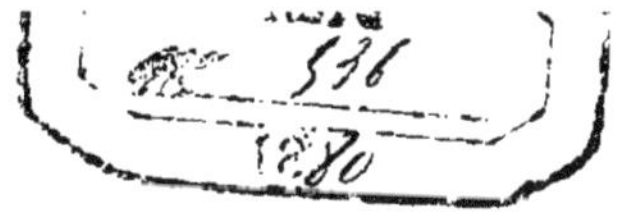

SYNOPSIS

DES

HÉMIPTÈRES-HÉTÉROPTÈRES

DE FRANCE,

PAR LE DOCTEUR PUTON,

Membre des Sociétés Entomologiques de France, de Belgique, de Suisse, d'Italie, de Berlin, de la Sociét
I.-R. de Zoologie et de Botanique de Vienne, de la Société des Sciences,
de l'Agriculture et des Arts de Lille, etc.

3e PARTIE

REDUVIDES, SALDIDES, HYDROCORISES.

REMIREMONT,

CHEZ L'AUTEUR.

1880

SYNOPSIS

DES

HÉMIPTÈRES-HÉTÉROPTÈRES

DE FRANCE,

Par le Docteur PUTON,

3e PARTIE.

FAMILLE DES REDUVIDES.

Corps plus ou moins allongé, quelquefois filiforme, de taille moyenne ou grande. Tête horizontale, plus ou moins prolongée en avant entre les antennes, rétrécie en arrière en forme de cou, ordinairement partagée en deux par un sillon transverse derrière les yeux. Bec très fort, court, arqué à la base et non appliqué contre la tête, qui n'a pas de sillon pour le recevoir. Antennes filiformes ou flagelliformes, géniculées, les derniers articles très fins ; composées de quatre articles et quelquefois de petits articles supplémentaires entre eux. Pronotum rétréci en avant, avec deux sillons transverses plus ou moins apparents. Écusson petit ou moyen, triangulaire. Elytres composées d'une corie, d'un clavus et d'une membrane, celle-ci assez souvent raccourcie ; quand elle est complète, elle présente deux ou trois grandes cellules à la base. Pattes assez fortes ; les femurs antérieurs ordinairement plus renflés que les autres, souvent épineux ; tibias souvent avec un éperon à l'extrémité. Dans beaucoup de genres (*Prostemma, Pirates, Reduvius, etc.*) les tibias antérieurs ont vers l'extrémité une fossette spongieuse (Dufour) ou ventouse tibiale (Spinola) qui paraît un organe tactile ou de prehension. Ongles simples ou dentés, sans appendice membraneux entre eux.

Insectes éminemment carnassiers, se nourrissant de proies vivantes, ainsi que le prouve leur bec fort, court, arqué et acéré et leur tube alimentaire qui n'a que trois fois la longueur du corps. La piqure des grandes espèces est douloureuse.

Quelques genres (*Pirates, Coranus, Reduvius, etc.*) font entendre un cri ou stridulation particulière en élevant et abaissant la tête ; cette stridulation est produite par le frottement de la pointe du bec sur le sillon prosternal qui présente des rides transverses microscopiques.

TABLEAU DES TRIBUS.

1 (2) Hanches antérieures très longues, cylindriques, dépassant le sommet de la tête, insérées au bord antérieur du prosternum. Tarses antérieurs bi ou uni-articulés. Pas d'ocelles. Antennes très longues, filiformes, géniculées; pattes intermédiaires et postérieures très longues et très grèles. Pattes antérieures ravisseuses, leurs tibias plus courts que les fémurs. Corps étroit, souvent filiforme.

1. EMESINI.

2 (1) Hanches antérieures ordinaires, plus ou moins coniques, courtes, ne dépassant pas le sommet de la tête, insérées loin du bord antérieur du prosternum. Tous les tarses triarticulés. Des ocelles.

3 (4) Bec à trois articles. Ocelles insérés sur une élévation transverse du vertex. Membrane avec deux grandes cellules à la base et seulement deux ou trois nervures qui atteignent l'extrémité de la membrane.

2. REDUVINI.

4 (3) Bec à quatre articles, le premier très court. Ocelles non insérés sur une élévation transverse du vertex. Membrane avec trois ou quatre grandes cellules à la base ; de ces cellules partent de nombreuses nervures parallèles qui atteignent l'extrémité de la membrane. Hanches contiguës.

3. NABINI.

Trib. 1. EMESINI.

TABLEAU DES GENRES.

(2) Pronotum à peine de moitié plus long que large. Écusson avec une longue épine. Tarse antérieur biarticulé et biongulé (Fémur antérieur épineux sur toute sa longueur. Des ailes et élytres. Trochanter antérieur mutique. Tête courte, partie postoculaire tuméfiée, rétrécie seulement et subitement à son bord postérieur).

PLOIARIA Scop.

(1) Pronotum trois fois au moins aussi long que large. Écusson mutique. Insectes souvent aptères. Tarse antérieur paraissant uniarticulé et uniongulé.

(4) Fémur antérieur épineux sur toute sa longueur. Trochanter antérieur avec un fort éperon dirigé en avant (Tibia et tarse antérieur réunis égaux en longueur au fémur. Corps aptère. Abdomen élargi chez la femelle. Tête arrondie dilatée derrière les yeux.

GERASCOPUS Heinck.

4 (3) Fémur antérieur inerme sur une partie notable de sa longueur à la base. Trochanter antérieur mutique. Tibia et tarse antérieurs réunis bien plus courts que le fémur. (Tête non graduellement rétrécie derrière les yeux. Fémur postérieur atteignant ou atteignant presque l'extrémité de l'abdomen). ([1]).

5 (6) Partie antérieure de la tête terminée par un fort tubercule et en dessous de ce tubercule l'epistome est avancé en pointe aiguë en avant. Partie postérieure de la tête subtransverse. Insecte souvent ailé.

METAPTERUS Costa.

(1) Le genre *Emesa F.*, qui est exotique, diffère d'après M. Stål, des *Metapterus* et *chnonyctes* par la partie postoculaire de la tête graduellement rétrécie en arrière, les murs postérieurs dépassant très notablement l'extrémité de l'abdomen.

L'*Emesa mantiformis Mls.* est très probablement un insecte exotique.

6 (5) Partie antérieure de la tête terminée par une longue pointe aiguë en avant ; en dessous de cette pointe on voit l'epistome terminé en pointe plus courte et inclinée. Partie postoculaire de la tête plus longue que large. Forme aptère seule connue.

Ischnonyctes Stål (1)

PLOIARIA *Scop.*

1 (4) Antennes et cuisses avec de nombreux anneaux alternativement noirs et blancs.

2 (3) Antennes et cuisses blanches à anneaux noirs (les anneaux noirs beaucoup plus étroits que les anneaux blancs). Connexivum uniformément flave.

1 P. Vagabunda. *Lin.* D'un flave blanchâtre varié et marbré de brun ; abdomen et poitrine bruns ; connexivum entièrement flave ; pattes et antennes plus ou moins poilues. Pronotum avec un sillon longitudinal s'effaçant en arrière ; élytres à corie peu distincte de la membrane, les nervures formant un réseau blanchâtre ; une série de taches noires au bord de la membrane. Écusson et post-écusson ayant chacun une épine blanche assez longue (2) Antennes à premier et deuxième articles très longs, le premier un peu plus grand que le deuxième, le troisième égal à la moitié du deuxième, le quatrième égal au quart du troisième. Long. 7.

Var. pilosa Fieb. Poils des cuisses et du premier article plus longs, plus nombreux et plus dressés. — Le type a ces poils rares, couchés, presque nuls. Les différences signalées par Fieber dans la forme du bord postérieur du pronotum et par Mulsant dans la nervation de la membrane ne sont pas appréciables pour moi. J'ai toujours trouvé réunis les exemplaires à poils nombreux,

(1) Les autres caractères donnés par Stål, longueur des articles du bec, position de la plus grande épine des fémurs, me paraissent inexacts.

(2) En réalité, il y a trois épines dans cette espèce et la suivante : la première sur l'écusson, la deuxième sur le postécusson : ces deux épines blanches et les seules visibles quand les élytres ne sont pas enlevées ; la troisième, noire, sur le scutum du metathorax est visible seulement quand les élytres sont soulevées.

rares ou nuls et je ne puis les considérer que comme ne faisant qu'une seule espèce. Il ne faut pas oublier d'ailleurs que les espèces de ce genre ont les larves très poilues.

Toute la France ; assez commune sur les conifères.

3 (2) Antennes et cuisses brunes à anneaux blancs (les anneaux blancs beaucoup plus étroits que les anneaux bruns). Connexivum brun, la moitié basilaire de chaque segment occupée par une grande tache flave.

2 P. Culiciformis *de G.* (*erratica Fall.*). Très voisine de la précédente, en diffère, outre les caractères sus-indiqués, par sa taille plus faible, sa teinte plus foncée, l'épine de l'écusson un peu plus longue. Les antennes ont le deuxième article de un quart plus court que le premier, le troisième égal à la moitié du deuxième, le quatrième égal à la moitié du troisième. Les pattes et antennes sont généralement glabres, cependant on les voit quelquefois avec des poils couchés. Long. 4 $^{1}/_{2}$.

Probablement toute la France : Nord, Paris, Vosges, Le Croisic, Avignon, Toulouse, Landes, Hautes-Pyrénées, etc.

Obs. La *P. Baerensprungi Dohrn*, 1863, d'Allemagne, que je ne connais pas, est très remarquable par la présence d'une épine noire, dressée à la partie postérieure du disque du pronotum. Elle a les pattes et antennes annelées, le connexivum maculé et les élytres longues. Long. 3 $^{3}/_{4}$.

4 (1) Cuisses et premier article des antennes avec un anneau brun avant l'extrémité. Connexivum débordant beaucoup les élytres, brun avec la moitié basilaire de chaque segment flave. Élytres laissant à découvert les trois derniers segments de l'abdomen.

3 P. Uniannulata. *Sign.* 1852. Bien différente des espèces précédentes par sa teinte plus foncée, sa taille plus petite, son abdomen bien plus large et ses élytres courtes. Le premier article des antennes et les cuisses intermédiaires et postérieures sont plus renflés près de l'extrémité et ont cette partie renflée plus noire que le reste ; les cuisses antérieures sont brunes avec la base et l'extrême sommet pâles. Les pattes et antennes paraissent glabres.

Le premier article des antennes est très long, le deuxième à peine plus long que la moitié du premier, le troisième est aussi long que le deuxième, le quatrième égal au tiers du troisième. Epine de l'écusson très longue mais très fine. Long. 4.

Deux exemplaires seulement connus : le type de Vincennes dans la collection Signoret, l'autre dont je n'ai pu savoir la provenance dans la collection Fallou.

CERASCOPUS. *Heinck.*

(EMESODEMA. *Spin.*)

1 C. Domesticus. *Scop.* Allongé, sans aucune apparence d'ailes ni d'élytres, d'un jaune pâle, brillant et un peu transparent; deux lignes brunes sur le dos de l'abdomen, ainsi que les angles postérieurs des segments du connexivum, les côtés de la poitrine, trois anneaux aux cuisses antérieures et deux aux tibias. Pattes intermédiaires et postérieures filiformes, très-longues, brunes, les genoux blanchâtres. Abdomen un peu élargi à bords relevés. ♂ Les quatre derniers segments dorsaux de l'abdomen avec une épine obtuse à leur bord postérieur, le 1er segment génital avec une pointe dirigée en arrière. — ♀ Abdomen inerme en dessus, le dernier segment triangulaire à bords relevés. Long. 8.

France méridionale, dans les maisons, quelquefois sous les pierres, rare. Landes, Carcassonne, Nîmes, Pyrénées-Orientales, Hyères, remonte jusqu'à Lyon (Rey) et même Paris (Bellier de la Chavignerie, 1849).

Obs. La nymphe est plus commune dans les collections qu l'insecte parfait et elle est confondue avec lui. Elle en diffère par les épines des fémurs antérieurs égales comme les dents d'un peigne, les tarses intermédiaires et postérieurs à deux articles seulement, les segments thoraciques à peine rebordés latéralement en dessus. Le mâle a l'abdomen inerme en dessus et son extrémité porte trois longs appendices linéaires, deux latéraux formant pince et un médian en dessous relevé dans la pince.

METAPTERUS. *Costa.*

(EMESA. *Dohrn.* MANTISOMA. *Jakow.*)

1 M. LINEARIS. *Costa.* (*Caspicus Dohrn, Dohrni Dgl. Sc. Apterus Jak.*) Très allongé, linéaire, d'un jaune pâle, grisâtre, opaque; dessus de l'abdomen et dessous du corps brunâtres; une bande brune sur les côtés de la tête, prolongée sur les côtés du pronotum et deux autres moins foncées au dessus de la tête; quatre lignes brunes longitudinales très fines sur le lobe postérieur du pronotum. Antennes et pattes plus ou moins vaguement annelées de brun. Pronotum extrêmement long, divisé en deux lobes d'égale longueur par un fort sillon transverse; le lobe postérieur plus large, ponctué, finement caréné au milieu échancré en arrière, recouvre tout le mesonotum. Élytres flaves, semi-transparentes, laissant à découvert les quatre derniers segments de l'abdomen qui est parallèle. Mâle : dernier segment dorsal très-irrégulier, terminé par un lobe semi-ovalaire vu en dessus, gibbeux, sinué, angulé et relevé vu de côté; dernier segment ventral beaucoup plus court que le dorsal, échancré en angle au milieu et laissant voir les segments génitaux. — Femelle : dernier segment dorsal en triangle à pointe émoussée, sa surface non gibbeuse, mais un peu excavée, dernier segment ventral entier, légèrement arqué en arrière. — Les exemplaires brachyptères n'ont ni ailes, ni élytres, et le pronotum n'a pas de lobe postérieur. Long. 13-14.

Très-rare : Corse, midi de la France : Camargue (dans une touffe de jonc des marais), Hyères, Fréjus, Bordeaux (Samie).

ISCHNONYCTES. *Stal.*

1 I. CORSICENSIS. *Scott.* 1874. Tres allongé, filiforme, tout-à-fait aptère, d'un flave testacé avec les côtés de la tête, du thorax et de l'abdomen noirs; hanches et cuisses antérieures entièrement flaves, tibias antérieurs annelés de brun; fémurs intermédiaires et postérieurs avec un anneau plus foncé vers le sommet, un anneau semblable à la base des tibias. Long. 18, larg. 1.

Corse, extrêmement rare; on n'en connait que quelques exemplaires récoltés par le Rév. Marshall.

Obs. Cette espèce ne m'a paru différer de l'*I. barbarus Luc* d'Algérie que par un sillon longitudinal sur le lobe postérieur de la tête, qui n'existe pas dans l' *I. barbarus* et par la denticulation des fémurs antérieurs : la première dent est plus grande et les autres sont égales entre elles dans l'espèce de Corse.

Trib. 2. REDUVINI

TABLEAU DES DIVISIONS.

1 (2) Pas d'ocelles. Premier article des antennes plus long que le deuxième. Pas de cellule devant la base de la cellule intermédiaire de la membrane. Deuxième article du bec renflé à la base. Angle latéral postérieur du pronotum et base de l'écusson avec une forte pointe. Trochanter antérieur avec deux épines.

SAICARIA.

2 (1) Des ocelles.

3 (6) Premier article des antennes plus court que le deuxième. Ongles simples.

4 (5) Une grande cellule discoïdale à l'extrémité de la corie, contiguë à la base des cellules interne et externe de la membrane. Cuisses antérieures et partie postérieure de la tête épineuses. Un fort éperon dirigé en avant au bord antérieur de chaque hanche antérieure. Pronotum sans bourrelet antérieur.

STENOPODARIA.

5 (4) Pas de cellule à l'extrémité de la corie en avant de la base des cellules de la membrane. Cuisses antérieures et partie postérieure de la tête mutiques.

REDUVIARA.

6 (3) Premier article des antennes plus long que le deuxième. Ongles dentés Cuisses antérieures mutiques, à peine plus renflées que

les autres. Bord postérieur du pronotum échancré devant l'écusson. Une petite cellule quadrangulaire à l'extrémité interne de la corie en avant de la base de la cellule interne de la membrane.

HARPACTORARIA.

DIV. 1. SAICARIA.

Un seul genre en Europe :

ACANTHOTHORAX. *Costa.*

1 A. SANGUINEUS. *Costa.* Allongé, à longue pubescence blanche très fine ; d'un beau rouge clair, brillant ; dessous du corps et pattes d'un rouge flave ; antennes noirâtres excepté la base, hérissées de longues soies ainsi que les pattes. Membrane enfumée. Pronotum trapézoïde, divisé en deux lobes par un sillon transverse, angulé en avant ; le lobe antérieur très-saillant, en trapèze dont le bord antérieur comme le bord postérieur porte une forte saillie tuberculeuse de chaque côté ; angle latéral postérieur avec une forte épine relevée. Écusson armé aussi d'une longue épine. Élytres flavescentes, les bords et nervures d'un beau rouge. Fémurs antérieurs avec une rangée d'épines fines en dessous, tibias antérieurs arqués, leur extrémité renflée. Long. 9.

Extrêmement rare : Hyères, Fréjus (Rey), Corse (Damry).

Obs. L'*A. siculus Costa*, que je ne connais pas, est flave avec trois bandes sur le corselet et l'extrémité des fémurs intermédiaires noires.

DIV. 2. STENOPODARIA.

1 (4) Yeux petits, arrondis, distants en dessous. Dessous de la tête avec des épines. Tête longue, non rétrécie en arrière derrière les yeux ; la partie postoculaire deux fois aussi longue que le diamètre d'un œil. Premier article des antennes long, fusiforme.

2 (3) Premier article du bec très long, dépassant de beaucoup le bord postérieur des yeux. Dessous de la tête dans la partie postoculaire avec un groupe d'épines ramifiées et dirigées en bas. Sommet de

l'épistome prolongé en une assez longue pointe légèrement bifide à l'extrémité. Fémurs antérieurs imperceptiblement épineux.

PYGOLAMPIS Germ.

3 (2) Premier article du bec ne dépassant pas le milieu de l'œil. Dessous de la tête dans la partie postoculaire avec une série d'épines courtes, simples et terminées par une soie. Sommet de l'épistome peu prolongé, mais terminé par deux pointes fortes et distantes. Bord inférieur des fémurs antérieurs avec deux séries d'épines très visibles.

SASTRAPADA Am. S.

4 (1) Yeux grands, transverses vus de côté, peu distants ou subcontigus en dessous. Dessous de la tête sans épine. Tête courte, rétrécie derrière les yeux; la partie postoculaire aussi longue que le diamètre d'un œil. Premier article des antennes moins long, peu renflé au milieu. Corps plus large. Ventre fortement caréné longitudinalement. Fémurs antérieurs denticulés sur toute leur arête inférieure.

ONCOCEPHALUS Klug.

PYGOLAMPIS. *Germ.*

(OCHETOPUS. *Hah.* STENOPODA. *Blanch.*

1 P. BIDENTATA. *Fourcr.* — Allongé, brun, opaque avec une courte pubescence cendrée; dessous du corps d'un flave brunâtre; ventre avec deux lignes vagues brunâtres, angle postérieur des segments du connexivum flave; pattes jaunâtres, les genoux bruns et deux anneaux bruns aux tibias antérieurs. Pronotum conique sans sillon transverse, un sillon longitudinal très élargi en arrière. Tibias à poils courts, peu dressés. — Mâle : dernier segment dorsal tronqué et fortement échancré en arrière. — Femelle : dernier segment dorsal triangulaire, terminé en pointe mousse. Long. 12-14.

Toute la France du Nord au Sud, mais très rare partout.

SASTRAPADA. *Am. S.*

(HARPAGOCHARES. *Stål.* CTENOCNEMIS. *Fieb*

'1 S. Baerensprungi. *Stål.* (*femorata Costa, flavescens Fieb.*). Allongé, d'un flave blanchâtre ; tête et pronotum avec une pubescence très courte, écailleuse, argentée, peu serrée. Côtés de la tête et du pronotum avec une ligne rembrunie ; une tache noire ponctiforme au milieu de la base de la membrane ; ventre avec deux lignes brunes ; deux anneaux brunâtres aux tibias antérieurs et quelquefois aux autres. Côtés de la tête épineux derrière les yeux. Pronotum très superficiellement divisé en deux lobes, l'antérieur un peu plus long et plus étroit, échancré en avant, a un sillon longitunal incomplet. Cuisses antérieures renflées, avec deux lignes de petites dents inégales, en dessous. Différences sexuelles comme dans le genre précédent. Long. 15-16.

Extrêmement rare : Hyères (M. Rey)

ONCOCEPHALUS. *Klug.*

1 (2) Membrane flave avec une grande tache noire, veloutée, polygonale, occupant toute la cellule basilaire et une autre allongée, aiguë au milieu de la membrane. Pronotum au moins aussi long que large. Tête allongée. Cuisses flaves avec l'extrémité brune.

1 O. Notatus. *Klug.* (*Squalidus H. S.*). Flavescent, opaque avec un fin duvet blanchâtre ; tubercule ocellifère noirâtre ; pronotum très vaguement linéolé de brun en avant, partagé en deux lobes subégaux par un sillon transverse superficiel ; un tubercule dentiforme à l'angle antérieur et un autre latéral un peu avant le sillon transverse. Écusson flavescent à sommet aigu, horizontal. Connexivum avec une tache noire très petite à l'extrémité de chaque segment. Dessous du corps presque entièrement flave. Tibias et antennes à poils assez longs, le premier article des antennes glabre sur sa face supérieure. Long. 13-15.

Espèce méridionale : Marseille, Montpellier, Cette, Toulouse, Tulle, etc.

2 (1) Membrane grisâtre, vaguement marbrée de brun, sans taches noires. Pronotum plus large que long. Tête courte, cuisses flaves avec trois anneaux bruns.

2 O. Squalidus. *Rossi.* Plus court et plus brun que le précédent; tête brunâtre sur sa moitié postérieure; pronotum brunâtre avec des lignes flaves, vagues; tubercules antérieurs et latéraux moins aigus; écusson brun, sa pointe flave, plus ou moins relevée; cories d'un flave grisâtre; dessous du corps brunâtre, plus pâle au milieu du ventre; chaque segment du connexivum marqué d'une large bande et d'un point bruns. Pattes flaves, annelées de brun. Tibias et antennes à poils assez longs, le premier article des antennes glabre sur sa face supérieure. Long. 13.

Espèce méridionale : Cette, Bordeaux, Charente.

Div. 3. REDUVIARIA.

TABLEAU DES GENRES :

1 (2) Metasternum non carèné, prolongé en angle en arrière; hanches postérieures peu écartées. Hanches antérieures aplaties en dehors. Pattes très fortes, peu allongées; tibias antérieurs fortement dilatés à l'extrémité et munis d'une forte fossette spongieuse. Pronotum avec un sillon transverse après le milieu de sa longueur. Tête large derrière les yeux; ceux-ci réniformes vus de côté.

Pirates. Serv.

2 (1) Metasternum carèné longitudinalement, tronqué et large en arrière. Hanches postérieures très écartées. Hanches antérieures arrondies, convexes en dehors. Pattes moins robustes. Tibias antérieurs peu dilatés à l'extrémité, à fossette spongieuse faible ou nulle. Sillon transverse du pronotum situé avant le milieu dans les exemplaires macroptères et après le milieu chez les femelles brachyptères. Tête rétrécie immédiatement après les yeux.

3 (4) Tibia antérieur sans fossette spongieuse. Yeux petits, très distants l'un de l'autre en dessus et en dessous de la tête.

Femelle : sans ailes ni élytres. Abdomen très large. Sillon transverse du pronotum situé après le milieu. Ventre non carèné. Pas d'ocelles.

Mâle : Ailé comme les Reduvius et de même forme. Sillon transverse du pronotom situé après le milieu. Ventre carèné sur presque toute sa longueur. Des ocelles.

HOLOTRICHIUS. Burm.

4 (3) Tibia antérieur avec une fossette spongieuse. Yeux grands, peu distants en dessus de la tête, presque contigus en dessous. Insectes macroptères et non dissemblables suivant les sexes. Premier segment ventral seul carèné.

REDUVIUS. Fab. (1)

PIRATES. *Serv.*

1 P. HYBRIDUS. *Scop.* (*Stridulus Fab.*) — D'un noir un peu bleuâtre, brillant. Corie d'un beau rouge écarlate avec une partie du clavus et deux grandes taches arrondies d'un noir velouté et entourées de flave à la partie interne de la corie ; nervures peu saillantes. Membrane d'un noir terne avec une grande tache ronde d'un noir velouté à la base. Abdomen et connexivum rouges en dessus et en dessous, la base et le sommet du ventre noirs. Quelquefois, mais rarement, le ventre est entièrement noir. Poitrine, pattes et antennes noires, à fine pubescence courte entremêlée de longues soies. Long. 12.

Commun dans tout le midi de la France, devient plus rare en remontant vers le nord ; ne semble pas dépasser Paris.

Obs. J'ai déjà indiqué (Soc. Ent. Fr., 1874) que le *P. ambiguus Mls.* n'est pas distinct de l'*hybridus*.

(1) Le genre *Pasira Stål* se distingue des Reduvius par le premier article des antennes court, n'atteignant pas le sommet de la tête, celle-ci large derrière les yeux, qui sont plus petits, plus saillants et plus distants. — Le *P. Basiptera Stål*, espèce méridionale, qui se trouvera peut-être dans le midi de la France est d'un noir brun, avec les pattes et antennes, le bord postérieur du pronotum, la base des cories et des taches sur le connexivum, jaunâtres. Long. 7.

Le *P. strepitans Ramb.* qui se trouve en Espagne, a la corie entièrement noire.

HOLOTRICHIUS. *Burm.*

(OREADA. *Muls.*)

1 (2) Tête et pronotum d'un roux ferrugineux. — Femelle ayant le dos de l'abdomen poilu et non carèné; pronotum avec une dent au milieu de ses côtés.

1 H. Cyrilli. *Costa.* (*denudatus Costa*). — Les deux sexes très dissemblables.

Mâle : Macroptère; forme et taille du *Reduvius personatus*: d'un jaune roussâtre ferrugineux avec l'extrémité de la corie, la membrane et le dessous du corps plus foncés, rembrunis; connexivum flave avec une tache noire sur chaque segment. Pattes, antennes, tête et pronotum hérissés de longues soies dressées. Pronotum rugueusement ponctué, son sillon transverse au tiers antérieur, lobe antérieur sillonné au milieu et avec un relief de chaque côté; angle antérieur saillant; lobe postérieur arqué en arrière. Long. 16.

Femelle : Aptère, à pronotum étroit et abdomen très élargi. Dessus du corps à pubescence couchée, assez serrée, même sur l'abdomen; tête et pronotum d'un roux ferrugineux, le reste du corps noirâtre, l'angle postérieur de chaque segment du connexivum avec un point jaunâtre. Pronotum court et étroit, le sillon transverse situé après le milieu par suite de l'arrêt de développement à peu près complet du lobe postérieur, qui est coupé droit en arrière; trois fortes pointes de chaque côté du pronotum, formées par l'angle antérieur, l'angle postérieur et la troisième au milieu. Écusson très court. Élytres réduites à une petite languette oblongue, hispide, ayant à peine un millimètre de long. Long. 17. Larg. de l'abdomen 8.

Espèce d'Italie et de Sicile qui se trouvera probablement en Corse.

2 (1) Tête et pronotum noirs. Femelle avec le dos de l'abdomen glabre et obtusément carèné longitudinalement. Pronotum sans dent au milieu de ses côtés.

2 H. Luctuosus. *Mls.* et *Mayet.* — Femelle : Noire, opaque ; tête avec une tache jaunâtre oblongue au côté interne des yeux. Pronotum noir, mat, très court, l'angle antérieur saillant en avant ; un sillon transverse aux trois-cinquièmes de sa longueur, un large sillon longitudinal évasé ; deux sillons obliques et flexueux de chaque côté du lobe antérieur, l'angle postérieur obtus, non avancé en pointe ; les côtés non angulés mais arrondis en avant du sillon transverse. Élytres réduites à une petite squame ponctiforme, encore plus petite que dans l'espèce précédente. Abdomen très large, subcordiforme, obtusément carèné longitudinalement en dessus, densement ponctué, opaque, glabre ; une petite tache jaunâtre à l'angle postérieur de chaque segment du connexivum et le bord postérieur de chaque segment du dos de l'abdomen avec une fine ligne jaunâtre. Long. 22, Larg. de l'abdomen 10.

Un seul exemplaire femelle trouvé sur la pente du Pic de Taillefer, au dessus de Port-Vendres, par M. Mayet. — J'ai pu constater par l'examen de l'exemplaire typique, obligeamment communiqué par M. Rey, que cet insecte est très différent de l'*H. Cyrilli.* Il ressemble un peu plus à l'*H. tenebrosus Burm.*, mais cette dernière espèce qui est de Grèce, en diffère aussi par son abdomen poilu, non carèné, les angles postérieurs et latéraux du pronotum aigus ; elle a le pronotum noir, mais avec les angles postérieurs jaunâtres.

REDUVIUS. *Fab.*

(OPSICOETUS. *Klug. Stål.*)

1 R. Personatus. *Lin.* D'un noir brun, brillant, côtés du pronotum, antennes et pattes hérissés de longues soies très fines ; hanches et genoux un peu plus pâles ; pronotum lisse en avant, rugueux en arrière. Long. 16-17.

Commun dans toute la France, surtout dans les maisons où il fait la guerre à plusieurs insectes, mouches, punaises, etc. Sa larve est grisâtre et très velue, ordinairement couverte de poussières.

Div, 4. HARPACTORARIA.

TABLEAU DES GENRES.

1 (2) Flancs du mesosternum ayant un tubercule à leur bord antérieur, vers le milieu de ce bord et tout contre le bord postérieur des côtés du prosternum. Lobe antérieur du pronotum ayant de chaque côté en avant du sillon transverse deux ou trois sillons linéaires longitudinaux un peu obliques. Corps et cories revêtus d'un duvet serré.

CORANUS. Curt.

2 (1) Flancs du mesosternum sans tubercule à leur bord antérieur. Lobe antérieur du pronotum avec un large sillon médian, mais sans sillons linéaires obliques de chaque côté. Corps et cories moins couverts de duvet, plus brillants.

HARPACTOR. Lap.

CORANUS. *Curt.*

(COLLIOCORIS. *Hah.*)

1 (4) Écusson à ligne médiane et pointe flaves. Cuisses annelées de flave en dessus et en dessous. Ventre plus ou moins flavescent.

2 (3) Premier article des antennes plus court que la tête, une fois plus long que le deuxième. Partie postoculaire de la tête subitement et non graduellement rétrécie, à peine plus longue que la partie antéoculaire.

1 C. AEGYPTIUS. *Fab.* (*griseus Rossi. Fieb.*). — Grisâtre, d'un flavescent obscur par places et entièrement recouvert d'un duvet

gris, serré. Tête et lobe antérieur du pronotum noirs, une ligne à la partie interne des yeux et une autre sur la nuque flavescentes; cories brunes, à duvet gris serré; membrane noire; connexivum annelé de noir et de flave. Milieu du ventre flavescent, les côtés bruns avec deux lignes de taches flavescentes; pattes brunes à anneaux flaves, irréguliers. Long. 10.

Commun dans la France méridionale; plus rare au nord où il ne manque cependant pas : Nord, Paris, Yonne, Orléans, etc.

3 (2) Premier article des antennes plus long que la tête, une fois et demie plus long que le deuxième. Partie postoculaire de la tête non renflée, graduellement rétrécie en arrière, bien plus longue que la partie antéoculaire.

2 C. Subapterus de *G.* (*Pedestris Wolf.*). — Ressemble tout-à-fait pour la taille, l'aspect et les couleurs au précédent; en diffère, outre les caractères déjà indiqués, par sa forme plus élancée dans toutes ses parties. La femelle a souvent le milieu du ventre brun avec les côtés flaves. Cette espèce est dimorphe avec les élytres tantôt complètes, tantôt plus ou moins raccourcies, ce qui est plus fréquent dans le nord que dans le midi. Long. 10-11.

Toute la France.

Obs. Le *C. angulatus Stål* (*Aegyptius H. S. Mls.*) de l'Egypte et, paraît-il de l'Europe méridionale, est très différent par les angles latéraux du pronotum distincts, saillants, non arrondis; par les reliefs longitudinaux du lobe antérieur du pronotum traversés par un sillon transverse et partagés ainsi en quatre tubercules, par sa couleur presque entièrement flave, n'ayant plus de noir que deux taches oblongues sur la nuque, quatre lignes longitudinales sur le lobe antérieur du pronotum et la base de l'écusson; tout le dessous du corps est flave; la tête est allongée comme dans le *C. subapterus.* — J'ai trouvé dans la collection Fieber sous le nom d'*Aegyptius*, un exemplaire de *Sarepta* qui n'est qu'un *subapterus* et la description de cet auteur ne convient pas non plus parfaitement à l'*angulatus*.

4 (1) Écusson entièrement noir, ainsi que le pronotum et le ventre. Cuisses non annelées de flaves en dessus. Premier article des antennes plus long que la tête, trois fois aussi long que le deuxième. Tête graduellement rétrécie derrière les yeux.

3 C. Niger. *Ramb.* (*Affinis Luc. Reveilleri Mls. R.*). — Forme encore plus svelte que chez le *C. subapterus.* Presque entièrement noir avec une pubescence blanchâtre, bien moins serrée, ne cachant pas la couleur du fond. Nuque avec une fine ligne flave. Cories noires ou d'un brun foncé, quelquefois un peu moins foncées à la base. Chaque segment du connexivum avec une étroite ligne flave. Dessous du corps entièrement noir. Les cuisses intermédiaires et postérieures vaguement maculées de flave en dessous seulement, tibias avec un anneau flave à la base. Long. 9

Corse : très rare, plus commun en Algérie.

Le *C. Niger Fieb.* ne me paraît qu'un exemplaire à élytres un peu moins obscures de cette espèce.

HARPACTOR. *Lap. Am. S.*

(REDUVIUS. *Stål.* RHINOCORIS. *Hah.*)

1 (4) Cories rouges ou rougeâtres.

2 (3) Premier article du bec entièrement rouge. Écusson avec l'extrémité seule flave. Cuisses rouges annelées de noir.

1 H. Iracundus. *Scop.* (*Cruentus Fab. rubricus Germ.*). — Très variable pour la couleur : tête en dessus et antennes noires; dessous de la tête rouge. Pronotum noir ou rouge varié de noir, le lobe antérieur plus souvent noir, le postérieur rouge, en partie noir ; les angles postérieurs et le bord latéral postérieur bordés de flave. Écusson noir avec la pointe rouge ou flave. Corie entièrement rouge ; membrane noirâtre. Connexivum noir annelé de rouge ou de flave. Ventre rouge avec deux ou trois bandes de taches noires ou presque entièrement noir. Cuisses rouges ou avec

deux anneaux noirs, ou largement noires au milieu ; genoux noirs, tibias rouges. Long. 14-16.

Commun dans le midi, s'étend peu au nord de Lyon et de Dijon.

3 (2) Premier article du bec noir en entier ou au moins sur sa face supérieure. Écusson avec l'extrémité et une ligne longitudinale flaves. Cuisses avec la face latérale postérieure noire.

2 H. Erythropus. *Lin.* (*Hæmorhoidalis Fab.*). Moins variable que le précédent et ordinairement d'un rouge brun violacé, plus sombre, quelquefois cependant d'un rouge presque aussi vif. Tête noire, ordinairement maculée de quelques taches rougeâtres. Pronotum rougeâtre, son lobe antérieur varié de noir, les angles postérieurs et le bord latéral postérieur bordés de flave. Ecusson noir avec une carène médiane flave. Corie entièrement rougeâtre ou rouge. Connexivum noir, annelé de flave. Dessous du noir en entier. Cuisses rouges en avant, noires en arrière. rouges avec la base et l'extrémité noires. Long. 12-15.

Toute la France, paraît manquer cependant au nord de Paris.

4 (1) Corie noire.

5 (8) Ecusson entièrement noir.

6 (7) Pattes rouges annelées de noir.

3 H. Annulatus. *Lin.* Noir, brillant ; connexivum d'un beau rouge, le quart antérieur de chaque segment avec une bande noire. Cuisses rouges avec la base, l'extrémité et un anneau au milieu noirs ; tibias rouges avec la base et l'extrémité noires. Long. 12-13.

Toute la France.

7 (6) Pattes noires en entier.

4 H. Sanguineus. *Fab.* (*Carnifex Mls.*). Noir, une petite ligne flave peu visible entre les ocelles ; chaque segment du connexivum avec une bande rouge et une bande noire d'égale largeur. Ventre d'un rouge vif avec les côtés plus ou moins largement bruns. Long. 8-10.

Avignon, Nîmes, Beziers, Marseille, Toulon, Hyères.

Var. perrisianus (*Perrisii Mls. R.*, nom déjà donné par Signoret à un Harpactor du Gabon). Ventre entièrement noir ; connexivum plutôt flave que rouge. — Hyères, Corse, rare.

8 (5) Ecusson largement blanchâtre au sommet. Gorge flave.

5 H. Lividigaster. *Mls. R.* Noir ; tête avec une fine ligne longitudinale flave sur la nuque ; écusson largement flave à l'extrémité. Corie un peu brunâtre entre les nervures. Connexivum annelé de noir et de flave. Ventre flave avec les côtés noirs. Cuisses rouges avec la base, l'extrémité et un anneau au milieu noirs ; tibias rouges avec la base et l'extrémité noires. Poitrine avec un duvet grisâtre assez dense au milieu. Long. 6-7.

Espèce méridionale : Marseille, Digne, Hyères, Toulon.

Var. Atripes. Pattes entièrement noires. Ventre tantôt entièrement noir, tantôt flave comme dans le type. — Algérie, non encore trouvée en France ; cependant je possède un exemplaire de Marseille qui a les pattes presque entièrement noires.

Trib. 3. NABINI.

TABLEAU DES GENRES :

1 (4) Cuisses antérieures très courtes, très renflées, anguleusement dilatées et dentées au milieu, denticulées sur une grande partie de leur longueur en dessous. Tibias très fortement dilatés à l'extrémité et coupés obliquement en ce point. Disque du pronotum sans cicatrices ; écusson uni. Corps en grande partie brillant, de couleurs foncées, noire mélangée de rouge écarlate, rarement de jaune.

2 (3) Cuisses antérieures seules denticulées. Bec court et robuste. Couleur noire et écarlate.

Prostemma. Lap.

3 (2) Cuisses intermédiaires presque aussi fortement denticulées que les antérieures. Bec plus long et plus grêle. Couleur noire et jaune.

ALLAEORHYNCHUS. Fieb (1).

4 (1) Cuisses antérieures régulièrement et modérément renflées, allongées, mutiques. Tibias antérieurs à peine dilatés au sommet. Pronotum avec des cicatrices très apparentes sur le disque. Ecusson inégal avec un bourrelet de chaque côté. Corps mat, de couleur terne, plus ou moins flave.

NABIS. Latr.

PROSTEMMA. *Lap.*

(METASTEMMA. *Am. S.*).

1 (2) Pronotum unicolore, noir plus ou moins bleuâtre ou verdâtre.

1 P. GUTTULA. *Fab.* Dimorphe. D'un noir bleuâtre très-brillant, avec quelques longues soies noires sur le pronotum et les pattes. Pronotum à points très épars en arrière. Ecusson noir, mat, velouté, sa pointe extrême rouge. Cories d'un beau rouge écarlate, veloutées, une petite tache noire à l'extrémité du clavus et une autre allongée sur le bord postérieur, confondue avec la membrane qui est aussi d'un noir velouté ; une petite tache blanchâtre près de l'angle externe de la corie, Pattes rouges, l'extrémité des tibias noire ; antennes un peu jaunâtres. Long. 10.

Forme brachyptère (*P. brachelytrum Duf.*) : Cories tronquées en travers, dépassant très peu le sommet de l'écusson, unicolores, terminées par un rudiment de membrane sous forme de bande blanchâtre, transverse, très étroite. Quelques exemplaires encore moins développés ont quelquefois les deux cories, souvent une seule, un peu brunâtres (*fuscipennis Mls.*). Long. 9.

(1) L'*Allaeorhynchus flavipes Fieb* qui se trouve dans une grande partie des pays méditerranéens et aussi en Allemagne, n'a pas encore été rencontré en France : il est noir, brillant, avec le bord antérieur du pronotum, les pattes et la base des cories d'un jaune flave. Long. 5.

Toute la France, plus commun dans le midi ; la forme macroptère beaucoup plus rare ne paraît pas se rencontrer dans le nord de la France.

Obs. Le *P. aeneicolle. Stein.*, non encore trouvé en France, pourrait être confondu avec le précédent ; il en diffère par le pronotum plus verdâtre, plus densement et grossièrement ponctué en arrière, les cuisses intermédiaires et postérieures largement noires à l'extrémité.

2 (1) Pronotum noir avec le bord postérieur rouge.

3 (4) Ecusson noir avec le sommet rouge. Corie avec une tache latérale noire. Meso- et metapleures noires.

2 P. Bicolor. *Ramb.* Noir, brillant, hérissé de longues soies noires ; bord postérieur du pronotum, sommet de l'écusson, cories et pattes rouges ; une tache noire un peu transverse allant du milieu du bord externe au milieu de la corie, l'angle postérieur noir terminé par une tache triangulaire blanche ; membrane noire avec l'extrémité blanche, atteignant l'extrémité de l'abdomen chez les macroptères. Chez les brachyptères es élytres laissent à découvert les trois derniers segments de l'abdomen membrane réduite à moitié de sa longueur présente une tache blanche à la base en dehors et une autre au sommet. Cuisses intermédiaires et postérieures en grande partie brunes. Dessous du corps noir. Long. 6.

Espèce méridionale, très rare : Avignon, Toulouse. — C'est cette espèce que M. Mulsant a décrite comme l'état normal du *P. sanguineum*.

4 (3) Ecusson entièrement rouge. Corie rouge sans tache noire au milieu de son bord externe. Meso- et metapleures rouges.

3 P. Sanguineum. *Rossi.* Noir, brillant, hérissé de longues soies noires ou flavescentes. Tout le lobe postérieur du pronotum, l'écusson, les cories, les pattes et la poitrine rouges. L'angle apical de la corie noir ; membrane noire avec une tache blanche à la base du côté externe et une autre à l'extrémité. Cuisses intermédiaires et postérieures plus ou moins brunes. Long. 6.

Midi de la France, assez rare : Marseille, Avignon, Pyrénées-Orientales, Tarbes, Lyon ; se retrouve dans le Morbihan et le Finistère.

NABIS. *Latr.*

(CORISCUS. *Schr. Stål.*)

1 (6) Connexivum relevé en dessus, non séparé du ventre en dessous par un sillon longitudinal. (Chaque segment du dos de l'abdomen marqué d'un sillon transverse de chaque côté. Écusson noir avec les côtés flaves.) *S. G. Aptus. Hahn.*

2 (5) Connexivum noirâtre, chaque segment avec une tache rousse à son bord antérieur. Corie et membrane marbrées de brun. Tibias annelés de brun.

3 (4) Antennes aussi longues que le corps, leur premier article aussi long que la tête. Angle postérieur du sixième segment abdominal arrondi. Pattes très longues.

1 N. BREVIPENNIS. *Hah.* (*Apterus. Mls.*) — Atténué en avant, élargi en arrière ; brun, revêtu d'un duvet cendré ; bord antérieur et lobe postérieur du pronotum d'un fauve ferrugineux, élytres ordinairement écourtées, laissant à découvert trois ou quatre segments de l'abdomen, d'un roussâtre ferrugineux, marbrées de brun ; membrane petite, à trois nervures ; ventre roussâtre, marbré de brun ; antennes et pattes flavescentes ; ces dernières très longues, à anneaux bruns, irréguliers. Les exemplaires macroptères, qui sont très rares, ont les élytres aussi longues que l'abdomen. Long. 9-10.

Assez rare : France septentrionale et moyenne, plus rare dans le midi : Nord, Paris, Rouen, Vosges, Yonne, Toulouse, Tarbes.

4 (3) Antennes beaucoup plus courtes que le corps, leur premier article plus court d'un tiers que la tête. Angle postérieur du sixième segment abdominal non arrondi. Pattes plus courtes.

2 N. Lativentris. *Boh.* (*Subapterus Fieb. Mls. Apterus Hah.*) — Atténué en avant, élargi en arrière; brun varié de roux, à duvet cendré; pronotum roussâtre, une ligne latérale noire; élytres roussâtres, marbrées de brun, ordinairement écourtées, laissant à découvert les trois ou quatre derniers segments de l'abdomen; membrane bien distincte quoique écourtée, atténuée en arrière, blanchâtre marbrée de brun. Dessus de l'abdomen noirâtre, ventre brun avec quelques taches rousses sur les flancs. Antennes et pattes flavescentes, celles-ci annelées de brun. Les exemplaires macroptères ont les élytres aussi larges et aussi longues que l'abdomen. Long. 7 $^1/_2$-8 $^1/_2$.

Commun dans toute la France et la Corse, mais les exemplaires macroptères ne se rencontrent que dans le Midi, où ils ne sont pas rares.

5 (2) Connexivum presque entièrement flave, quelques segments avec une petite tache noirâtre à leur angle postérieur. Tibias flaves, non annelés de brun. Corie et membrane non marbrées, les nervures de la membrane noirâtres.

3 N. Major. *Costa.* (*Pilosulus Fieb. boops Schiödt.*). (1) D'un flave grisâtre, finement pubescent. Une ligne noire sur la tête et trois sur le pronotum plus ou moins larges et mal limitées. Élytres complètes (au moins en France), d'un brun gris avec quelques lignes flaves, le bord externe flave sur la moitié basale; membrane d'un blanc grisâtre, les nervures largement noirâtres. Dos de l'abdomen entièrement noir. Ventre plus ou moins brun dans son milieu, ses flancs flaves avec une ligne de points noirs. Pattes flaves, les fémurs avec des traits transverses bruns, les antérieurs avec l'arête supérieure noire, les postérieurs avec le tiers apical noir. Long. 9.

Une grande partie de la France : peu commun; Nord, Vosges, Metz, Yonne, Morlaix, Ile-de-Ré, Lyon, Hautes-Pyrénées, Corse, etc.

(1) Le genre *Stålia Reut.*, établi sur cette espèce à l'état brachyptère, ne diffère des autres *Nabis* que par la tête moins prolongée en arrière, plus subitement rétrécie derrière les yeux.

Tous les exemplaires que j'ai vus sont macroptères; l'état brachyptère a été trouvé en Danemark; il présente des élytres atteignant à peu près le milieu de l'abdomen, la tête est plus courte, a les yeux plus saillants, le pronotum présente trois lignes longitudinales noires plus étroites et mieux limitées.

6 (1) Connexivum horizontalement étendu en dessus, séparé du ventre en dessous par un profond sillon longitudinal.

7 (24) Écusson noir avec les côtés flaves. Premier article des antennes assez grêle. *S. G. Nabis. S. str.*

8 (13) Dos de l'abdomen finement pubescent avec des bandes longitudinales brunes et flaves. Élytres ordinairement écourtées.

9 (10) Dos de l'abdomen noir avec deux fines lignes longitudinales flaves au milieu. Chaque segment du dos de l'addomen marqué d'un sillon transverse de chaque côté. Élytres ordinairement écourtées, mais atteignant le quatrième segment abdominal et munies d'une petite membrane.

4 N. Flavomarginatus. *Schltz.* (*Dorsatus. Dahlb.*) — D'un flave grisâtre à fine pubescence pâle; tête avec une large bande noire; pronotum avec une bande médiane noire dans toute sa longueur et une latérale de chaque côté du lobe antérieur. Élytres d'un flave grisâtre presque uniforme, le bord externe cependant plus pâle. Dos de l'abdomen noirâtre avec deux bandes médianes flaves quelquefois écourtées, séparées par une fine ligne brune sur la ligne médiane. Connexivum large, flave, sans taches; ventre avec les côtés largement brun, le milieu flave avec une fine bande longitudinale brune. Pattes flaves, cuisses ponctuées de brun, les antérieures ayant en outre quelques traits bruns transverses. Long. 9.

France septentrionale et moyenne, peu commun : Nord, Vosges, Metz, Lyon, Mt-Pilat, Mt-Dore, Mt-Cénis, Hautes-Pyrénées.

La forme macroptère (*Nervosus Boh.*) paraît très rare en France; je n'en ai vu qu'un exemplaire des Vosges, les nervures des élytres sont pâles bordées de noirâtre, les intervalles à points noirs nombreux, la membrane a les nervures nombreuses et noirâtres.

10 (9) Dos de l'abdomen flave avec trois bandes longitudinales brunes. Élytres ordinairement fortement écourtées, tronquées droit, sans apparence de membrane et laissant à découvert tout l'abdomen. Insectes très allongés et très étroits.

11 (12) Connexivum large, membraneux, transparent en dessus. Dos de l'abdomen ayant sur le milieu des côtés de chaque segment une élévation ovalaire transverse. Tête graduellement rétrécie derrière les yeux, environ trois fois aussi longue que large entre les yeux.

5 N. Limbatus. *Dahlb.* Allongé, étroit, un peu élargi en arrière chez la femelle; d'un flave testacé pâle; une ligne brune médiane sur la tête, prolongée sur le pronotum et l'écusson; cicatrices du pronotum noirâtres. Élytres très courtes, grises avec les bords et les nervures plus pâles. Dessous du corps flave avec une bande brunâtre sur les côtés de la poitrine et du ventre et sur le milieu de celui-ci. Pattes flaves, allongées, les cuisses à nombreux points bruns en lignes, les antérieures avec de petits traits courts sur la face postérieure : cuisses postérieures longues et grêles. Long. 8-9.

France septentrionale : Nord, Vosges, Alsace. Probablement regardé cemme une larve par beaucoup d'entomologistes. La forme brachyptère a seule été trouvée en France; la forme macroptère paraît fort rare et se trouve en Suède et en Finlande seulement.

12 (11) Connexivum étroit, en bourrelet linéaire. non transparent. Dos de l'abdomen sans élévation sur les côtés. Tête peu rétrécie derrière les yeux, environ cinq fois aussi longue que large entre les yeux.

6 N. Lineatus. *Dahlb.* (*Poweri Saund.*). Voisin comme aspect et comme coloration du précédent, il en diffère, outre les caractères ci-dessus indiqués, par sa taille plus grande, bien plus élancée et l'abdomen plus étroit, plus parallèle. — La forme macroptère (*Hariolus Schioedt.*) paraît fort rare et n'a été trouvée que dans l'Europe boréale. Long. 12.

Espèce du nord de l'Europe, n'a encore été trouvée en France que dans les environs de Lille par M. Lethierry.

13 (8) Dos de l'abdomen glabre, unicolore, sans bandes longitudinales différentes de la couleur foncière. Élytres longues, atteignant ou dépassant l'extrémité de l'abdomen. Nervure externe de la mesocorie ayant trois points noirs sur sa partie postérieure, les deux derniers situés sur la suture de la membrane.

14 (15) Corps linéaire, très étroit. Antennes et pattes très allongées et très grêles; fémurs antérieurs peu renflés, aussi longs que la tête et le pronotum réunis. Premier article des antennes un peu plus long que la tête avant les ocelles. Élytres brillantes.

7 N. Capsiformis. *Germ.* (*longipennis Costa.*). D'un flave très pâle; antennes et pattes entièrement flaves, sans points ni traits bruns, pronotum très élargi et convexe en arrière, cicatrices et sillon médian très étroitements noirs sur la partie antérieure. Écusson non transverse, avec une ligne médiane noire. Élytres presque uniformément flaves, sauf les trois points ordinaires; membrane transparente, vitrée, à nervures incolores, extrêmement longue et large, dépassant l'abdomen des deux tiers de sa longueur et bien plus large que la corie. Ailes longues. Dos de l'abdomen brun, avec les côtés et le sommet ordinairement flavescents. Dessous du corps flave, une bande brune sur les côtés de la poitrine continuée sur les premiers segments ventraux. Long. 9 $^1/_2$-10 avec la membrane.

Espèce rare et exclusivement méridionale : Avignon, Corse.

15 (14) Corps oblong ou allongé. Antennes et pattes moins allongées; fémurs antérieurs assez renflés. Premier article des antennes sensiblement plus court que la tête avant les ocelles. Élytres opaques [1].

(1) Les espèces de ce groupe sont des plus difficiles à caractériser, non seulement à cause du dimorphisme, mais encore à cause de la variabilité de plusieurs caractères : la couleur est très-variable, la coloration noire s'étend plus ou moins; la gorge est tantôt noire, tantôt flave ou avec une bande noire; la longueur du premier article des antennes

16 (23) Connexivum entièrement flave, non annelé ni maculé de brun.

17 (18) Taille de 8-8 $^1/_2$ m. Corps oblong. Ailes aussi longues que l'abdomen. Membrane grande, aussi longue et plus large que la corie, avec trois cellules discoïdales, d'où partent de très nombreuses nervures rayonnantes. Fémurs antérieurs assez courts. Pronotum fortement et subitement élargi et plus convexe en arrière qu'en avant.

8 N. Ferus. *Lin.* (*Vagans. Fab.*). Grisâtre ou d'un flavescent testacé pâle; antennes flaves, l'extrême sommet du deuxième article ordinairement noirâtre; ligne médiane de la tête et du pronotum noire, une ligne vague noirâtre de chaque côté de la partie antérieure du pronotum ainsi que les cicatrices; écusson plus large que long, noir, les callosités latérales flaves. Corie ordinairement unicolore, rarement les nervures très légèrement bordées de noir et rarement aussi quelques points plus obscurs dans les intervalles. Membrane blanche à nervures grisâtres. Ventre garni d'une pubescence soyeuse assez dense et assez longue; fémurs assez courts, ne dépassant pas ou à peine le sommet de la tête lorsqu'ils sont ramenés en avant, presque entièrement flaves et avec seulement quelques traits brunâtres, courts, peu apparents au côté externe. Long. 8-8 $^1/_2$.

Commun dans toute la France, dans les champs, les prés et les bois.

Var. punctatus. Costa. Coloration noire plus étendue; fémurs antérieurs presque entièrement noirs en dessus et sur le côté externe, comme dans le *brevis*, fémurs intermédiaires et postérieurs avec des points et des traits noirs très rapprochés; élytres grises, intervalles des nervures avec de nombreux points noirâtres; connexivum moins largement flave. — Paraît fort rare en France:

des fémurs antérieurs, la largeur de l'abdomen paraissent même pouvoir varier dans la même espèce. — M. Reuter, qui en 1872 avait déjà traité ce sujet, a bien voulu me donner les types de ses espèces et, bien plus, m'a communiqué des notes précieuses et inédites, pour un nouveau travail sur ce groupe, notes dont je me suis amplement servi et dont je le remercie cordialement.

un exemplaire de l'Aude (collection Puton), un autre des montagnes de l'Esterel (collection Rey).

Obs. Cette espèce paraît toujours macroptère en France, cependant on trouve dans l'Europe boréale, mais très rarement, des exemplaires dont la membrane est plus courte, sans cellules discoïdales et avec les nervures moins nombreuses ; ces exemplaires se distinguent du *rugosus* par leur taille plus grande, la membrane toujours plus large que la corie et les fémurs antérieurs plus courts.

18 (17) Taille de 6-7 m. Élytres ordinairement plus ou moins raccourcies, aussi longues ou un peu plus courtes que l'abdomen ; membrane courte, plus étroite que la corie, portant seulement 5 à 7 nervures, sans cellules discoïdales. Ailes nulles ou très courtes. Pronotum conique, pas plus convexe en arrière qu'en avant. Chez les exemplaires macroptères, qui sont très rares, la membrane a des cellules discoïdales, mais elle est toujours plus étroite que la corie et les nervures rayonnantes sont moins nombreuses que dans la division précédente. *S. G. Reduviolus. Kby.*

19 (22) Fémurs antérieurs assez longs, leur face externe avec des traits bruns, courts, espacés, non confluents,. souvent peu apparents.

20 (21) Couleur d'un flave testacé livide.

9 N. Rugosus. *Lin.* (*dorsalis. Duf.*). Élytres à nervures plus ou moins bordées de brun clair, les intervalles quelquefois entièrement obscurcis, rarement avec quelques petits points obscurs ; le limbe extérieur de la corie toujours plus pâle et sans points obscurs. Ventre à pubescence soyeuse très courte et rare, une large bande noire au milieu et une autre de chaque côté. Poitrine et partie antérieure du pronotum plus largement noires que chez le *ferus*. Abdomen élargi en arrière surtout chez la femelle. Fémurs antérieurs assez longs, dépassant notablement le sommet de la tête lorsqu'ils sont ramenés en avant. Long. 7.

Très commun dans toute la France sur les graminées. La forme macroptère ne paraît pas se trouver en France.

21 (20) Couleur d'un roux plus ou moins obscur.

10 N. Ericetorum. *Scholtz.* Très voisin du précédent dont il ne diffère que par la couleur et l'abdomen généralement plus étroit. Il n'en est peut-être qu'une variété *ericeticole*. Élytres unicolores, rousses, avec les nervures concolores, le bord externe pas plus pâle que le disque ; nervures de la membrane largement noirâtres. Long. 7.

Assez commun dans toute la France, sur les côteaux arides où croît la bruyère. La forme macroptère est très rare : Vosges, Rouen.

22 (19) Fémurs antérieurs assez courts, leur face externe avec des traits noirs très forts, confluents entre eux et avec une large bande noire de la face supérieure ; le plus souvent aussi les fémurs intermédiaires et postérieurs largement noirâtres à la base.

11 N. Brevis. *Scholtz.* (*minor. Reut.*). Paraît bien distinct des deux précédents par sa forme plus étroite, sa couleur grisâtre, les cories à nervures bordées de noirâtre, les intervalles et le bord externe à points obscurs, le ventre presque entièrement noir ou à bandes flaves très étroites et surtout les fémurs antérieurs largement noirs, plus courts, ne dépassant pas le sommet de la tête quand ils sont ramenés en avant. Long. 6.

Assez rare, affectionne les prairies marécageuses peuplées de *Joncus, Carex, Eriophora*, etc. — Nord, Vosges.

23 (16) Connexivum avec une tache brune, quadrangulaire, sur chacun des derniers segments au moins.

12 N. Reuterianus *nov. sp.* Ressemble beaucoup au *N. brevis*, mais un peu plus grand ; ailes et élytres parfaitement développées, celles-ci grisâtres, parsemées sur toute leur surface de nombreux points noirâtres très apparents, membrane avec trois cellules discoïdales étroites, émettant 8 à 9 nervures rayonnantes. Fémurs antérieurs assez longs, dépassant un peu le sommet de la tête quand ils sont ramenés en avant ; tous les fémurs avec de nombreux traits noirs, larges, sur leurs faces interne et externe et de gros points sur la face supérieure. Ventre presque entièrement noir,

densément garni d'une pubescence courte, serrée, d'un gris argenté. Long. 6 $^1/_2$.

Rare : Montfaucon (Gard), Montpellier, plage de Fréjus. — Quelques exemplaires de cette localité, sans doute récemment éclos, ont la couleur pâle du *rugosus*, mais s'en distinguent facilement à leur grande membrane et au connexivum maculé, quoique faiblement.

24 (7) Écusson entièrement flave. Ventre entièrement pâle, sans bandes brunes. Premier article des antennes moins grêle, un peu épaissi vers le milieu. *S. G. Aspylapis. Stål.*

13. N. VIRIDULUS. *Spin.* (*tamaricis Beck.*). — Allongé, subcylindrique, glabre, d'un vert pâle flavescent, la tête, le lobe antérieur du pronotum, l'écusson et les pattes plus pâles, moins verdâtres. Un point noir à l'extrémité du clavus, un trait noir vers le milieu du bord externe de la corie avec une tache flave ou rosée plus ou moins grande. Membrane blanche, les nervures tantôt noires, tantôt concolores. Long. 7.

Midi de la France, assez commun sur les *tamarix*.

Famille des SALDIDES.

Corps petit, ovalaire. Tête rétrécie en forme de cou en arrière ; yeux très grands et très saillants, caractère qui avait fait donner par Latreille à cette famille le nom d'*Oculata*. Ocelles bien apparents. Bec à trois articles, fort, éloigné du dessous de la tête qui n'a pas de sillon. Antennes à quatre articles filiformes ou capillaires ; le dernier article très légèrement plus épais que le précédent. Pronotum avec un bourrelet antérieur ; ses côtés avec une marge ou carène plus ou moins large. Élytres formées d'une corie, d'un clavus et d'une membrane : corie avec une marge externe (limbe costal, Randfeld) bien régulière et plus ou moins relevée en gouttière surtout à la base. Membrane avec cinq nervures parallèles, réunies un peu avant l'extrémité ou à l'extrémité même et formant quatre grandes cellules allongées. Pattes ambulatoires, étroites et cependant propres au saut. Tarses à trois articles, le premier très court ; deux ongles sans appendice membraneux entre eux. Chez la femelle, le sixième segment ventral forme une grande plaque arrondie en arrière et cache complètement les segments génitaux. Le mâle a deux segments génitaux libres, mais le premier est peu différent du sixième segment ventral, ce qui pourrait faire croire qu'il y a sept segments non génitaux.

Insectes carnassiers vivant au bord des eaux sur le sable ou sur la vase ; ils sautent et volent en même temps avec une grande agilité, ce qui les rend très difficiles à saisir. Les *Leptopus* s'éloignent plus du bord des eaux et on les trouve quelquefois dans des lieux arides.

Obs. Plusieurs espèces de *Salda* sont dimorphes, mais dans ce genre, les exemplaires brachyptères ont les élytres aussi longues que l'abdomen, seulement la membrane est plus ou moins réduite, quelquefois réduite à rien par l'envahissement de la corie. Il faut remarquer, d'ailleurs, que dans ce genre, les espèces sont le plus souvent ou brachyptères ou macroptères et que rarement la même espèce est réellement dimorphe. C'est pour cela que la division basée sur la longueur de la première cellulle indique un tat macroptère ou brachyptère, mais peut cependant servir pour la distinction des espèces.

En outre plusieurs espèces présentent deux formes très notables consistant dans la présence ou l'absence de soies hérissées sur le dessus du corps.

TABLEAU DES TRIBUS.

1 (2) Bec long, atteignant le metasternum. Deux ocelles situés derrière les yeux. Membrane avec des nervures parallèles, réunies entre elles avant l'extrémité de sorte qu'elles déterminent quatre grandes cellules allongées et que le bord arqué de la membrane forme une assez large bordure sans nervures. Cuisses antérieures non épineuses et pas plus renflées que les autres. Bord postérieur du pronotum largement échancré pour recevoir la base de l'écusson. Antennes filiformes, non capillaires, quelquefois un peu renflées à l'extrémité.

1 Saldini.

2 (1) Bec court, n'atteignant que les hanches antérieures. Trois ocelles réunis sur un petit tubercule très saillant entre les yeux. Membrane avec quatre nervures longitudinales parallèles, réunies entre elles à l'extrémité même par une nervure périphérique, les deux nervures internes cependant réunies avant l'extrémité. Cuisses antérieures renflées et armées de longues et fines épines ainsi que leurs tibias et les deux premiers articles du bec. Bord postérieur du pronotum non échancré. Antennes presque capillaires.

2 Leptopini.

Trib. 1. SALDINI.

Un seul genre :

SALDA. *Fab.*

1 (36) Ocelles rapprochés, mais non contigus. Pronotum fortement transverse, ses côtés droits ou arqués en dehors, non sinués au

niveau du sillon transverse, celui-ci sans ligne de gros points (excepté dans une espèce : *lateralis*).

2 (35) Bord antérieur et sillon transverse du pronotum non crénelés par une ligne de gros points.

3 (32) Marge du pronotum concolore.

4 (13) Première cellule ou interne de la membrane n'atteignant pas le sommet de la deuxième (Côtés du pronotum droits, non arqués).

5 (12) Taille assez grande (4 $^1/_2$-7). Marge élytrale entièrement noire ou seulement en partie testacée.

6 (9) Élytres entièrement noires ou seulement avec quelques petites taches testacées peu apparentes, mais dans tous les cas marge entièrement noire.

7 (8) Dessus du corps et élytres opaques, couverts d'une pubescence d'un fauve cendré très courte et serrée; élytres avec quelques petites taches testacées peu apparentes.

1 S. Littoralis. *Lin.* En ovale élargi en arrière; dessus finement et densément ponctué ; les premiers articles des antennes testacés en dessous ; pattes d'un testacé obscur ; taches de la corie petites et très peu apparentes, en nombre variable, ordinairement une au bord postérieur interne, une ou deux sur le disque, quelquefois une à l'extrémité du clavus ; membrane noirâtre avec le milieu des cellules transparent, mais enfumé. Long. 6-7.

Rare : Calais, Saint-Valery, Morlaix, Hautes-Alpes, Lautaret, Mont-Cenis, Mont-Dore.

8 (7) Dessus du corps et élytres brillants, non pubescents, élytres entièrement noires.

2 S Flavipes. *Fab.* Ressemble beaucoup à la précédente, mais moins élargie en arrière. Élytres à ponctuation fine et serrée. Le premier article des antennes presque entièrement flave, ainsi que l'épistome. Dans le seul exemplaire de France que je connaisse la membrane

est entièrement noire, coriace comme la corie, mais on en trouve dans l'Europe boréale qui ont la membrane plus développée et avec des espaces transparents entre les nervures, ces exemplaires du nord de l'Europe ont souvent les cuisses obscures. Long. 6.

Très rare : Vosges, un seul exemplaire.

Obs. La *S. morio. Zett.* de Suède et Laponie ne diffère de la *flavipes* que par ses élytres presque imponctuées et la base des antennes noire. Elle se trouve en Belgique d'après M. Horvath.

9 (6) Élytres avec des taches blanchâtres très apparentes dont une ou deux traversent la marge jusqu'au bord externe.

10 (11) Poitrine noire. Élytre avec une bande transverse flave, raccourcie intérieurement un peu avant l'extrémité et plusieurs petites taches de même couleur.

3 S. Riparia. *Fall.* (*Affinis Zett. luteipes H. S Fieb. conspicua Dgl. Sc.*). En ovale allongé, noire, revêtue en dessus d'un duvet très court, grisâtre ; pronotum très étroit en avant ; antennes longues et grêles, les premiers articles plus ou moins jaunâtres en dessous ; pattes testacées avec les cuisses et les tarses en partie noirâtres. Élytres avec cinq ou six petites taches flavescentes et une plus grande en carré transverse un peu avant l'extrémité depuis le bord externe jusqu'au milieu de l'élytre. Long. 5-6.

Je n'en ai pas vu d'exemplaires de France, mais a été signalée en Belgique non loin de la frontière française. Moins rare en Suède, Finlande et Angleterre.

11 (10) Poitrine largement maculée de blanc en avant des hanches antérieures. Élytres avec deux bandes flaves, transverses, raccourcies intérieurement, l'une avant le milieu, l'autre avant le sommet. (*S. bifasciata Thoms.* de Laponie et Hongrie) [1].

12 (5) Taille petite (3 $^1/_2$). Marge élytrale entièrement et régulièrement testacée (*S. marginalis. Fall.*, espèce de l'Europe boréale, non encore trouvée en France.

(1) J'en ai vu un exemplaire de Hongrie trouvé par M. le Dr Brancsick.

13 (4) Première cellule de la membrane atteignant le sommet de la deuxième.

14 (27) Côtés du pronotum droits.

15 (18) Taille de 6 mill. Dessus du corps d'un noir bleuâtre.

16 (17) Dessus du corps hérissé de longues soies noires. Hanches base des cuisses noires.

4 S. Scotica. *Curt.* (*hirsutula. Flor, littoralis Fieb.*) D'un noir bleuâtre, un trait flave au côté antérieur du premier article des antennes ; clypeus, un anneau à l'extrémité des tibias et la base des tarses flaves. Poitrine et hanches noires. De petites taches flaves plus ou moins nombreuses sur les élytres, la plus grande, souvent double, à l'angle postérieur externe de la corie, quatre à six sur le disque et une vers le sommet du clavus. Membrane avec les nervures noires et une tache oblongue enfumée dans chaque cellule. Long. 6.

Espèce de montagnes ; rare : Hautes-Alpes, Mont-Cenis, Hautes-Vosges, Metz, Mont-Dore, Grande-Chartreuse, Cauterets, Tulle, le Salvetat (Hérault).

17 (16) Dessus du corps sans longues soies. Hanches et base des cuisses souvent blanchâtres.

5. S. Nigricornis. *Reut.* (*Riparia. Hah. nec Fall.*). Ressemble beaucoup à la précédente ; dessus du corps sans longues soies, mais avec une fine pubescence cendrée très courte ; premier article des antennes tantôt entièrement noir, plus souvent (malgré son nom) avec une bande longitudinale flave ; cuisses ordinairement avec une bande flave au côté antérieur ; taches de la corie mieux marquées, surtout l'anteapicale et celle qui occupe le bord externe un peu avant le milieu. Long. 6.

Espèce alpestre ou des montagnes : Riez, La Grave, Chamonix, Hautes-Pyrénées, Toulouse, Landes, Tulle, Morgon. — J'en ai trouvé cependant un exemplaire à Biskra, mais sur le bord du torrent qui descend de l'Aurès.

18 (15) Taille de 3 à 4 mill. Dessus du corps noir ou noir brunâtre.

19 (20) Marge élytrale entièrement flave excepté l'extrême base et formant une bande flave bien régulière et limitée de chaque côté par une nervure longitudinale brune.

6 S. Opacula. *Zett.* (*Marginella. Fieb. Marginalis. H.-S. Flor. Stal. Costalis. Sahlb. nec. Thoms.*). Les exemplaires de France appartiennent à la *var. marginella. Fieb.* Oblongue, noire, un peu brillante, à pubescence cendrée courte et fine. Le premier article des antennes flave en avant ainsi que le clypeus et les pattes; celles-ci rayées et ponctuées de brun. Hanches et cotyles noirs. Corie avec des taches flaves allongées parallèlement à la marge, ces taches plus apparentes extérieurement; une petite tache d'un blanc pur un peu en dedans de l'angle postérieur externe de la corie. Long. 3 $^1/_2$-4.

Assez rare : Nord, Provins, Metz, Lyon, Vendée, Cette, Béziers, Hyères, etc.

Le type de cette espèce, qui se trouve en Finlande et en Suède est beaucoup plus obscur, plus opaque, les taches discoïdales de la corie sont à peine apparentes et la membrane est à peine transparente. Le premier article des antennes est entièrement noir; mais chez les exemplaires d'Écosse il est en partie flave comme chez ceux de France.

Var. Setulosa. Put. Tête, pronotum et élytres assez densement hérissées de longues soies noirâtres; du reste comme la variété *Marginella. Fieb.* — Béziers.

Var. Nitidula. Put. Très brillante et presque sans pubescence; élytres à taches plus claires, plus apparentes. Le pronotum paraît plus rétréci en avant. — Corse, Hyères.

20 (19) Marge élytrale noire avec des taches flaves.

21 (22) Élytres sans bande transverse flave vers le milieu. Marge noire, seulement une petite tache flave avant son extrémité.

7 S. Orthochila. *Fieb.* Noire, opaque, à duvet fauve, court; pattes en grande partie flaves; cotyles antérieures blanchâtres. Élytres avec plusieurs petites taches d'un flave obscur, gutti-

formes, peu apparentes, sur le disque, une plus grande un peu avant l'angle postérieur externe ; membrane enfumée, les nervures brunes, ainsi qu'une tache allongée dans chaque cellule. Long. 4.

Vosges, Alpes, Pyrénées.

Souvent confondue avec la *Saltatoria*, dont elle a l'aspect, cette espèce s'en distingue par les côtés du pronotum droits, les cotyles antérieurs largement blancs, la marge élytrale sans tache au milieu et la tache antéapicale plus apparente.

22 (21) Élytres ayant vers le milieu de leur longueur une bande transverse flave occupant la marge et la moitié externe de la corie, mais non prolongée jusqu'au clavus.

23 (26) Bande transverse des élytres en forme de C ou de gamma majuscules, c'est-à-dire émettant au coté interne un ou deux prolongements. Cuisses en grande partie flaves avec des lignes et des points bruns.

24 (25) Bande transverse en forme de C, c'est-à-dire échancrée au côté interne où elle émet en avant et en arrière un prolongement transverse. Hanches et cotyles en grande partie noires.

8 S. C-Album. *Fieb.* (1). Aspect de la *S. Saltatoria*, mais un peu plus courte et plus large proportionnellement. Noirâtre, couverte d'un duvet soyeux, fauve, assez serré, les deux premiers articles des antennes et pattes en grande partie flaves. Bande transverse du milieu des élytres d'un jaunâtre obscur, ne dépassant pas au côté interne la nervure principale de la corie, une tache vers l'extrémité du clavus, une autre avant l'extrémité de la marge et quelques autres plus petites et confuses sur le disque. Long. 4.

Nord, Vosges, Hautes et Basses-Alpes, Lyon, Orléans, Hautes-Pyrénées.

(1) D'après plusieurs auteurs anglais, la *S. C.-album* serait la *Stellata Curtis*, mais le nom de *C.-Album* me paraît devoir être conservé comme mieux établi et acquis par la prescription. Je possède un dessin d'une variété de *Saltatoria* portant de la main de Fieber l'indication : *Stellata. Curt. origin.*

25 (24) Bande transverse en forme de gamma majuscule, c'est-à-dire formée par une ligne longitudinale occupant le milieu de la marge et émettant en avant seulement et à angle droit un prolongement transverse jusqu'au milieu de la corie. Hanches et cotyles en grande partie flaves.

9 S. Gamma. *Fieb.* Je ne connais cette espèce que par sa description ; elle ne me paraît différer de la *S. C.-Album* que par les caractères ci-dessus indiqués et par ses taches plus blanches et plus apparentes. Long. 4.

Trouvée par M. Mink dans le midi de la France, probablement dans la région des Landes ou des Basses-Pyrénées.

26. (23) Bande transverse des élytres coupée droit et sans prolongements au côté interne. Cuisses noires avec l'extrémité flave.

10 S. Melanoscela. *Fieb.* Noire, à duvet court, cendré et rare. Antennes noires avec l'extrémité du premier article jaunâtre ; cuisses noires, leur sommet et les tibias flaves, ces derniers maculés de brun ; cotyles antérieures noires. Élytres ayant au bord externe et un peu avant le milieu une bande ou tache carrée blanchâtre occupant la marge et avancée sur la corie jusqu'à la nervure principale ; au bord interne de cette tache et contigu avec elle on remarque un ovale blanchâtre avec le centre noir, cet ovale souvent incomplet au côté interne ; deux petites taches blanchâtres souvent réunies, un peu avant l'angle postérieur externe et quelques autres confuses sur la partie postérieure du disque. Long. 3 $^1/_2$.

Rare : Nord, Vosges, Alsace, Corrèze, Lyon.

27 (14) Côtés du pronotum arqués.

28 (29) Marge élytrale noire avec seulement un trait longitudinal sur le milieu et une petite tache flave un peu avant le sommet. Taches de la corie petites, obscures et non réunies à celles de la marge.

11 S. Saltatoria. *Lin.* Noire, plus (*var. Vestita. Dgl. Sc.*) [1] ou

(1) La *S. Vestita* est pour M. Reuter la forme macroptère de la *C. album*. M. Saunders la regarde comme une variété de la *Saltatoria*.

moins couverte en dessus d'un duvet d'un fauve doré ; élytres avec deux traits marginaux, l'antérieur plus long, plusieurs taches guttiformes sur le disque et les pattes d'un flave obscur ; cotyles noires ; le dessous des cuisses, la base et le sommet des tibias noirs, les antérieurs noirs au milieu extérieurement (1). Long. 3 1/2-4 1/2.

Assez commune et probablement dans toute la France.

Obs. Les *S. palustris* et *vestita Dgl. Sc. fucicola J. Sahlb.* ne me paraissent que des variétés peu importantes de cette espèce.

29 (28) Cories avec de grandes taches blanchâtres, largement unies à celles de la marge.

30 (31) Tibias en grande partie flaves. Les cories en grande partie pâles à taches brunes, mal limitées, nébuleuses et très variables.

12 S. Pallipes. *Fab.* Noire, densément couverte d'un duvet d'un fauve doré ; élytres ornées de taches et de traits pâles plus ou moins confluents, ou bien (*var. dimidiata Curt. bicolor Costa.*) blanchâtres avec la base noire et quelques taches brunâtres sur le disque en dedans de la marge ; cotyles noires ; pattes flaves, le dessous des cuisses et le sommet des tibias noirs, les tibias antérieurs noirâtres extérieurement au dela du milieu. Long. 4-5.

Var. Pilosella. Thoms. Tête, pronotum et élytres hérissés de longs poils noirs dressés. — Se trouve avec le type.

Assez commune dans une grande partie de la France, mais paraît préférer le bord des eaux salées, sans cependant manquer dans le centre.

(1) M. Reuter, dans une note récente (*Ent. Month. Magaz. Janv.* 1880), distingue plusieurs espèces voisines par la coloration des tibias antérieurs :

a. Bord antérieur du tibia antérieur avec une ligne noire, entière, très distincte s'étendant de la base extrême jusqu'auprès du sommet : *S. pallipes*, *vestita*, *palustris*, *arenicola.*

aa. Tibia antérieur avec la base et l'extrémité noires et sur le milieu du bord antérieur une ligne noire, courte, souvent presque effacée, non réunie avec la base et l'extrémité : *S. saltatoria*, *marginella. Fieb. C.-album*, *melanoscela*, *costalis. Sahlb.*

Ce caractère distinctif ne me paraît pas avoir la constance que lui attribue M. Reuter, ainsi j'ai une *Saltatoria* des Vosges qui a les tibias colorés comme la *Pallipes.*

Obs. M. Stål ne regarde cette espèce que comme une variété de la *S. Saltatoria* et on trouve, en effet, des exemplaires difficiles à classer, qui paraissent faire le passage, tandis que les exemplaires typiques sont très différents. La *S. pallipes* est en général plus grande, plus convexe, moins atténuée en avant et en arrière et les taches pâles sont bien plus grandes, moins bien limitées et ont une grande tendance à se réunir qui n'existe pas dans la *S. Saltatoria.* — M. Thomson trouve en outre que la *S. pallipes* a la membrane plus longue, moins largement arrondie, les ongles plus longs, le pronotum moins fortement transverse avec le sillon arqué et la fossette du disque plus profonds, mais ces caractères distinctifs sont bien peu appréciables pour moi.

Obs. La *S. brachynota. Fieb.*, d'Allemagne, mais non encore trouvée en France, diffère de la *S. pallipes* par sa taille plus petite (3 ½), sa membrane blanche, immaculée et le dessin des élytres qui sont blanchâtres avec la base, le clavus et une bande oblique, contiguë et parallèle au clavus, noirs; cette bande oblique est dentée extérieurement; une tache triangulaire noire à l'angle externe de la corie et une autre sur la marge un peu après le milieu. Tibia antérieur avec la base et le sommet bruns et à peine rembrunis vers le milieu du bord antérieur.

31 (30) Tibias en grande partie noirs, un petit anneau flave un peu avant le sommet. Élytres noires à dessin blanchâtre bien délimité : une bande blanchâtre transverse un peu avant le milieu de la corie, allant du bord externe au clavus.

13 S. Arenicola. *Scholtz. (Ocellata. Costa.)*. Taille et forme de la *S. pallipes* dont elle n'est très probablement qu'une variété; d'un noir plus foncé et plus pur, duvet rare et cendré; le premier article des antennes et l'extrémité du deuxième jaunâtres, cuisses jaunâtres avec une bande brune en dessus et en dessous; cotyles noires. Élytres portant un peu avant le milieu une bande transverse assez large, blanche, étendue depuis le bord externe jusqu'au clavus, cette bande dentée en avant et en arrière est ordinairement ornée au milieu d'un point noir. Une tache carrée, souvent double un peu avant l'angle externe de la corie, une autre petite et arrondie vers l'extrémité du clavus et quelques

points sur la partie postérieure du disque de la corie. Membrane avec la base, les nervures et des taches oblongues dans les cellules, noires. Long. 4 $^1/_2$.

Assez rare : Vosges, Metz, Orléans, Lyon, Corrèze, Charente, Landes, Toulouse, Hautes-Pyrénées, St-Tropez, etc.

32 (3) Marge du pronotum étroitement ou largement jaunâtre.

33 (34) Bord externe du pronotum très étroitement jaunâtre. Corps non hérissé de poils.

14 S. Xanthochila. *Fieb.* Noire, couverte d'un duvet cendré, serré, sans longues soies ; les deux premiers articles des antennes en partie flaves ainsi que les pattes ; celles-ci avec quelques lignes et points bruns. Cotyles blanchâtres. Cories d'un flave blanchâtre, le clavus noir avec le tiers postérieur flave ; marge avec trois taches noires, une à la base, une au milieu, la troisième à l'extrémité ; l'extrême base de la corie et quelques traits noirâtres formant un réseau sur le disque surtout le long des nervures. Membrane flavescente avec les nervures et des taches oblongues brunâtres dans les cellules. Long. 4 $^1/_2$.

Rare : Provence, Aiguesmortes, Lyon, Strasbourg.

34 (33) Marge du pronotum largement jaunâtre. Dessus du corps hérissé de poils noirs.

15 S. Pilosa. *Fall.* En ovale élargi, d'un noir bronzé brillant sur la tête et le pronotum, couverte en dessus d'un duvet fauve doré avec des poils bruns dressés. Devant de la tête, antennes, pattes, une large bordure latérale au pronotum, élytres et bords des segments sternaux d'un jaunâtre flavescent, brillants ; clavus noirâtre excepté le sommet, corie avec la base et une tache brune vers le milieu du bord externe. Long. 5.

Dunkerque, au bord des marais salés.

35 (2) Bord antérieur et sillon transverse du pronotum crénelés par une ligne de gros points (Corps glabre, brillant, marge du pronotum ordinairement flave).

16 S. Lateralis. *Fall.* Étroite, brillante, presque glabre, d'un noir bleuâtre ou verdâtre, varié de flave. Élytres finement ponctuées; devant de la tête, labre, bec, antennes, pattes et poitrine en grande partie flaves; marge du pronotum ordinairement flave plus ou moins largement Dessin des élytres très variable. Espèce ordinairement brachyptère, à membrane presque coriacée et fortement réduite par l'envahissement de la corie, mais présentant quelques exemplaires macroptères à membrane grande, transparente et à nervures bien apparentes. Long. 4.

Ses nombreuses variétés peuvent se classer ainsi :

Var. Eburnea. Fieb. Élytres entièrement flaves; bordure flave du pronotum large.

Var. Pulchella. Curt. Élytres flaves à macules noires; bordure flave du pronotum moyenne.

Var. Lateralis. Fall. Élytres noires avec une bordure externe, le sommet du clavus et la membrane flaves; bordure flave du pronotum étroite.

Var. Concolor. Pronotum et élytres entièrement noirs. Variété plus commune dans le midi que dans le nord.

Paraît préférer le bord des eaux salées : Dunkerque, Remilly près Metz, Toulon, Cette, La Nouvelle, Aiguesmortes. — J'en ai vu cependant un exemplaire indiqué de Paris dans la collection Signoret.

36 (1) Ocelles contigus, réunis à la base. Pronotum fortement rétréci en avant, bien moins large, ses côtés sinués au niveau du sillon transverse; deux lignes de gros points, l'une au bord antérieur, l'autre sur le sillon transverse. Marge externe des élytres plus régulièrement délimitée dans toute sa longueur. (Subg. *Chartoscirta. Stål*).

37 (38) Deuxième article des antennes flave, à peine plus long que le troisième. Les troisième et quatrième très distinctement renflés. (Première cellule de la membrane atteignant le sommet de la deuxième).

17 S. Cocksii. *Curt.* 1835. Noire, brillante, densément hérissée en dessus de longs poils noirs; élytres noires, opaques, veloutées, la marge entièrement flave, une tache ronde d'un blanc pur un peu en dedans de l'angle postero-externe de la corie, quelques petites taches flaves très peu apparentes sur la corie un peu en dedans de la marge. Membrane rembrunie, à nervures brunes. Hanches et pattes flaves. Le premier article des antennes flave au sommet, le deuxième noir à la base. Long. 3 $^1/_2$-4.

Toute la France, sans être commune.

Var. Geminata. Costa. 1852. Marge élytrale flave, mais coupée au tiers postérieur par la couleur noire du disque. Les deux premiers articles des antennes presque entièrement flaves. Dessus du corps moins densément hérissé de poils noirs; tache blanche apicale de la corie plus grande. Forme plus méridionale : Corse, Provence. — Un exemplaire de Corse est presque glabre et a l'extrémité des cuisses rembrunie.

Var. Venustula. Scott. Comme la *var. Geminata* mais le quatrième article des antennes flave. — Corse, Marseille.

38 (37) Deuxième article des antennes noir, notablement plus long que le troisième. Les troisième et quatrième pas plus renflés que le deuxième.

39 (40) Corps non hérissé de poils en dessus. Première cellule de la membrane atteignant le sommet de la deuxième. Antennes grêles. Marge élytrale flave avec la base et une tache avant le sommet noires.

18. S. Cincta. *H.-S.* Noire, brillante; antennes grêles, noires, le tiers apical du premier article flave ; hanches et pattes flaves; marge élytrale flave avec la base et une tache avant le sommet noires; disque noir avec quelques petites taches blanches et une plus grande un peu en dedans de l'angle postero-externe. Membrane bien développée, enfumée avec les nervures largement brunes. Long. 4.

Assez rare : Nord, Vosges, Metz, Aube, Yonne, Lyon, Dax, Vendée.

40 (39) Corps hérissé en dessus de longs poils noirs. Membrane courte, sa première cellule n'atteignant pas le sommet de la deuxième. Les trois derniers articles des antennes un peu épaissis. Marge élytrale entièrement flave.

19. S. ELEGANTULA. *Fall.* Extrêmement voisine de l'espèce précédente et même considérée par Flor comme son état brachyptère, elle n'en diffère que par les caractères ci-dessus indiqués ; on peut ajouter que la marge marginale est entièrement flave et que cette couleur envahit un peu plus la corie le long de la marge à la base. Long. 3 $^1/_2$-4.

Var. Flori. Dohrn. Quatrième article des antennes en tout ou en partie flave.

Espèce de l'Europe boréale, dont je n'ai vu qu'un exemplaire de France dans la collection Signoret avec l'indication : Mont-de-Marsan.

Obs. L'exemplaire de la collection Fieber sous le nom de *Elegantula* est une *Cincta* et ne présente pas le deuxième article des antennes jaunes avec le sommet noirâtre que Fieber indique à son *Elegantula*.

Trib. 2. LEPTOPINI.

1 (2) Troisième article des antennes de deux à dix fois plus long que le deuxième. Lobe antérieur du pronotum sillonné au milieu et de chaque côté de ce sillon une forte callosité.

LEPTOPUS.

2 (1) Troisième article des antennes un peu plus court que le deuxième. Sillon transverse du pronotum traversé de chaque côté par trois fossettes allongées.

ERIANOTUS.

LEPTOPUS. *Latr.*

1 (4) Yeux non épineux. Deuxième article des antennes plus long que le premier, le troisième deux à trois fois plus long que le deuxième.

2 (3) Bord externe de la marge des élytres avec une rangée d'épines bien régulière.

1 L. Boopis. *Fourc.* Allongé, étroit surtout en avant, hérissé en dessus de longues épines sétiformes. Antennes et pattes d'un flave pâle; cuisses avec un anneau brun un peu avant l'extrémité. Tête noirâtre avec la partie antérieure et le pourtour des yeux jaunâtres. Pronotum noirâtre, opaque, les bords latéraux et postérieurs jaunâtres ainsi que quelques traits ou points sur le disque. Élytres d'un flave très pâle, marge immaculée, disque irrégulièrement ponctué ou maculé de noirâtre. Membrane transparente à nervures brunes. Dessous du corps brunâtre. Troisième article des antennes environ trois fois plus long que le deuxième. Long. 4 $^1/_2$.

Assez rare : Vosges, Metz, Bar-sur-Aube, Haute-Saône, Dijon, Lyon, Hautes-Pyrénées, Landes, etc.; paraît plus commun dans le midi que dans le nord; surtout sous les pierres; s'élève jusqu'à 2.000 mètres dans les Pyrénées.

3 (2) Bord externe de la marge des élytres sans épines.

2 L. Hispanus. *Ramb.* (*Dufourii. Sign.*) Antennes et pattes d'un flave pâle, genoux à peine rembrunis. Dessus du corps sans épines sétiformes, les cories seulement hispides. Pronotum noir, brillant, glabre, fortement ponctué; marge élytrale flave, transparente, sans taches, clavus et moitié basilaire de la corie jaunâtres; moitié apicale noire, veloutée, excepté l'angle postero-externe occupé par une grande tache blanchâtre; membrane transparente à nervures brunes. Dessous du corps noir. Troisième article des antennes deux fois plus long que le deuxième. Long. 4.

Très rare en France : région pyrénéenne. Fréjus.

4 (1) Yeux hérissés d'épines. Deuxième article des antennes plus court que le premier, le troisième près de dix fois plus long que le deuxième. Bord externe de la marge élytrale sans épines.

3 L. Echinops. *Duf.* Hérissé de longues épines rigides, sur la tête, les yeux, les ocelles, la base du bec, le pronotum et les nervures

du disque de la corie. Tête ferrugineuse en avant; pronotum noir, un tubercule ferrugineux de chaque côté du disque; marge des élytres flave, transparente, immaculée; corie flave, une large bande transverse, mal limitée, brune, vers le milieu de la corie, cette bande prolongée en arrière vers la suture; angle apical blanchâtre. Membrane transparente à nervures brunes. Antennes et pattes d'un flave pâle; dessous du corps noir. Long. 3.

France méridionale et Corse. Marseille.

ERIANOTUS. *Fieb.*

1 E. Lanosus. *Duf.* Allongé, noir cendré bleuâtre, opaque en dessus. Pronotum et corie fortement ponctués et garnis d'une pubescence longue, très fine, frisée et cotonneuse. Antennes flaves, le premier article très court et épais, les trois derniers très longs, presque capillaires, le deuxième et le troisième presque égaux, le quatrième un peu plus court. Devant de la tête, tubercule ocellifère et bord postérieur du pronotum étroitement jaunâtres. Marge élytrale flave, transparente, immaculée; corie d'un noir cendré avec cinq ou six petites taches jaunâtres, les plus apparentes vers le bord postérieur; sommet du clavus jaunâtre. Membrane transparente à nervures fines et brunes. Pattes d'un flave très pâle; dessous du corps noir. Long. 4 $^3/_4$.

Très rare : Landes, Haute-Loire.

Sect. HYDROCORISES.

(Hydrocores. *Burm.* Occulticornes. *Am. S.* Cryptocerata. *Fieb.*)

Antennes très courtes, à trois ou quatre articles simples, ou présentant à quelques articles des prolongements latéraux, insérées sous le bord de la tête ou cachées dans une fossette. Élytres munies d'un embolium ou pièce externe. Metasternum et mesosternum composés, partagés latéralement par des lignes profondes en plusieurs segments, savoir : les *scapula* sur les côtés du mesosternum, les *pleuræ* (et en outre les *parapleuræ* dans les *Corisa*) sur les côtés du metasternum. Ocelles nuls, excepté dans les *Pelegonus*.

Insectes carnassiers et vivant dans l'eau, excepté les *Pelegonus* qui sont littoraux.

Les Hydrocorises par leurs antennes courtes, leur front commençant à s'infléchir en dessous, forment le passage avec les Homoptères.

Le tableau des familles a été donné dans la première livraison de cet ouvrage.

FAMILLE DES PELEGONIDES.

Corps de petite taille, en ovale court, déprimé, velouté, forme et aspect des *Salda*. — Tête courte; yeux grands, saillants; deux ocelles. Bec atteignant le bord postérieur du deuxième segment abdominal, à quatre articles, le premier court, épais, le troisième très long. Antennes à quatre articles simples, les deux premiers épais, le troisième plus mince, le quatrième fusiforme. Pronotum trapezoïde, sinué en avant de l'écusson; celui-ci triangulaire, médiocre. Élytres formées d'une corie, d'un clavus, d'un embolium grand et dilaté en arrière et d'une membrane qui est sinuée au côté interne, avec de grandes cellules pentagonales sur son disque, circonscrites par une nervure circulaire en dehors de laquelle le limbe est partagé en fines cellules rayonnantes. Ailes inférieures avec une grande cellule et un hamus. Pattes ambulatoires, égales (l'insecte cependant saute avec agilité). Hanches rapprochées. Tarses antérieurs et intermédiaires à deux articles, le premier très petit, à peine visible; les postérieurs à trois articles, le premier très court. Deux ongles simples à l'extrémité des tarses.

Insectes vivant sur le bord des rivières : ils sautent et volent très rapidement.

Un seul genre :

PELEGONUS. *Latr.*

1 P. MARGINATUS. *Latr.* D'un noir velouté opaque en dessus avec quelques petites taches grises; angle antérieur lamelliforme du pronotum jaunâtre ainsi qu'une étroite bordure au bord postérieur. Marge des élytres avec la base et trois taches jaunâtres; bord des cotyles antérieures flave; clypéus, hanches et pattes d'un jaune roux. Dessous du corps noir. Long. 6, larg. 3 $^1/_2$.

France méridionale : Landes, Var, Béziers, Charente, Tulle. M. Poulain en a vu un exemplaire à Avallon (Yonne), près du couvent de la Pierre-qui-vire.

Famille des NAUCORIDES.

Corps ovalaire, luisant, à bords tranchants. Tête enfoncée avec les yeux dans une échancrure du pronotum. Labre triangulaire, couvrant le premier article du bec. Antennes à quatre articles simples. Bec à trois articles. Pronotum transverse. Écusson libre, triangulaire. Élytres avec une corie, un clavus, un embolium et une membrane ; celle-ci peu différente de la corie et sans nervures. Pattes antérieures ravisseuses, les postérieures natatoires. Cavités cotyloïdes antérieures creusées sur le disque du prosternum. Tarses intermédiaires et postérieurs à deux articles ; les antérieurs à un ou deux. Deux ongles simples, excepté aux tarses antérieurs des *Naucoris*. Ventre carèné, sans appendice tubuleux à l'extrémité.

TABLEAU DES GENRES.

1 (2) Tête triangulaire ; front visible d'en haut. Quatrième article des antennes le plus long. Bec long, subulé, atteignant au delà des hanches postérieures. Fémurs antérieurs peu dilatés à la base. Tous les tarses biarticulés et biongulés. Cellule des ailes non divisée.

Aphelochirus. Westw.

2 (1) Tête transverse. Front non visible d'en haut. Troisième article des antennes le plus long. Bec court, conique, atteignant les hanches antérieures. Fémurs antérieurs très dilatés et comprimés à la base. Tibia antérieur arqué formant une pince avec le fémur. Tarse antérieur uniarticulé et sans ongles, les autres biarticulés et biongulés. Cellule des ailes divisée en deux.

Naucoris. Geoff.

APHELOCHIRUS. *Westw.*

1 A. Aestivalis. *Fab.* En ovale très élargi, plat ; dessus brun, finement rugueux coriacé ; tête, bec, hanches et pattes d'un flave

testacé ; marge du pronotum tranchante, largement flave, surtout en arrière ; élytres brunes, très courtes, non contigues en dedans, arrondies en écaille en arrière où elles atteignent à peine le bord postérieur du premier segment de l'abdomen, présentant à la base de leur côté externe une courte marge relevée en gouttière jaune ; dos de l'abdomen brun, l'angle latéral postérieur de chaque segment largement jaune et terminé par une longue pointe aiguë ; dos brun ou présentant sur les trois derniers segments une large tache jaune de chaque côté de la ligne médiane. Poitrine et ventre rembrunis. — Mâle : dernier segment dorsal de l'abdomen terminé en triangle et couvrant presque entièrement les segments génitaux. — Femelle : dernier segment dorsal de l'abdomen largement échancré en arrière et laissant voir les plaques génitales. Long. 9-10.

Rare : Nord, Paris (Amyot), Vosges, Metz, Toulouse.

La forme macroptère, que je ne connais pas et qui est extrêmement rare, a les élytres aussi longues que l'abdomen mais moins larges et la membrane noirâtre avec une tache plus pâle à la base. Il existe dans la collection Fairmaire un exemplaire macroptère trouvé à Passy.

NAUCORIS. *Geoff.*

1 (2) Marge du pronotum lisse, non ruguleuse, marquée de quelques gros points avec un rebord latéral en bourrelet fort et limité en dedans par une forte ligne enfoncée. Insecte macroptère, clavus et membrane séparés de la corie par des sutures.

1 N. Cimicoïdes. *Lin.* D'un testacé verdâtre ; tête avec des points bruns formant deux bandes longitudinales ; pronotum brillant avec de petites taches brunes ponctiformes, confluentes, excepté sur les marges latérales et une large bande basale ; écusson noirâtre, avec une étroite bordure flave ; élytres d'un brun olivâtre, opaques, à ponctuation très fine et serrée, coriacée, le clavus et la marge plus pâles. Tibias intermédiaires et postérieurs à fortes épines brunes. Long. 15.

Commune dans toute la France.

2 (1) Marge du pronotum étroite, très finement ruguleuse, non ou imperceptiblement rebordée. Insecte ordinairement brachyptère, sans ailes, à élytres longues, mais avec la membrane et le clavus indistinctement séparés de la corie.

2 N. Maculatus. *Fab.* (*Apterus. Duf.*). D'un testacé verdâtre; tête avec des bandes brunes longitudinales; une impression longitudinale avec gros points au bord interne de l'œil; pronotum finement ruguleux avec des bandes brunes en forme de W. Écusson et élytres avec des taches confluentes, vagues, d'un brun olivâtre. Tibias plus longs, moins robustes et moins épineux que chez le précédent. Long. 10. — Quelques exemplaires du midi de la France sont macroptères avec le clavus et la membrane séparés distinctement de la corie par des sutures.

Toute la France, assez commun, surtout dans le midi, mais se trouve aussi dans le Nord.

Obs. Le *N. Conspersus Stâl.*, dont le *N. Anqustior. Leth.* ne me paraît qu'une variété à élytres entièrement testacées, est extrêmement voisin du précédent. Il en diffère par la forme plus étroite, le pronotum moins large en arrière, les taches des élytres plus petites, moins confluentes ou nulles, la tête moins ponctuée près des yeux et sans sillons. Il est dimorphe et se trouve en Sicile, Portugal, Algérie, etc.

Famille des NEPIDES.

Corps opaque, elliptique, aplati ou bien très allongé, cylindrique. Tête petite, presque horizontale, enchâssée dans une échancrure du pronotum; yeux saillants, globuleux. Bec triarticulé, plus court que la tête, non infléchi en dessous, mais dirigé en avant et très légèrement incliné; le premier article très retréci à la base. Antennes à trois articles, les deuxième et troisième avec un prolongement latéral. Élytres formées d'une corie, d'un clavus et d'une membrane; embolium indistinct : membrane avec un réseau formé par de petites nervures. Ailes inférieures avec une cellule allongée, partagée en deux par une nervure longitudinale; une nervure apicale et une rayonnante et en outre de petites nervures transverses qui forment un réseau compliqué. Pattes intermédiaires et postérieures destinées à marcher sous l'eau; les antérieures ravisseuses; tibia antérieur arqué, formant une pince avec le fémur; tarse antérieur cylindrique, digitiforme. Tous les tarses uniarticulés, les antérieurs sans ongles, les intermédiaires et postérieurs biongulés. Cavités cotyloïdes antérieures creusées près des angles antérieurs du prosternum. Différences sexuelles indistinctes à l'extérieur. A l'extrémité de l'abdomen, deux longues soies creusées qui par leur réunion forment un tube ou syphon respiratoire. Fieber pense que ce tube, qu'il appelle *appendices aidothecae*, tient à l'appareil génital et ne sert pas à la respiration; cependant l'opinion de L. Dufour et de la plupart des auteurs, qui en font un tube respiratoire, paraît plus probable, si on considère que Dufour a constaté que les stigmates ventraux ne sont que de faux stigmates fermés par une membrane et qu'il en existe deux vrais à la base et dans l'intérieur du tube. Il y en a aussi deux autres (stigmates thoraciques niés par Dufour) en dessous des ailes au bord postérieur du metanotum.

Insectes peu agiles, marchant lentement au fond de l'eau stagnante des marais. Leurs œufs sont garnis à une extrémité de filets cylindriques (sept dans les *Nepa*, deux dans les *Ranatra*) qui dans l'ovaire embrassent l'œuf précédent.

TABLEAU DES GENRES.

1 (2) Corps ovalaire, aplati. Hanches antérieures beaucoup plus courtes que le fémur, qui est mutique, mais très large. Tibia et tarse antérieurs réunis aussi longs que le fémur. Tête petite, non saillante, beaucoup plus étroite que le bord antérieur du pronotum dans une échancrure duquel elle est profondément enchâssée. Pronotum aplati, trapezoïde, son bord postérieur non échancré.

NEPA. Lin.

2 (1) Corps linéaire, très allongé, cylindrique. Hanches antérieures cylindriques, presque aussi longues que le fémur; celui-ci avec une dent. Tibia et tarses antérieurs réunis n'atteignant que la moitié du fémur. Tête plus large avec les yeux que le bord antérieur du pronotum. Celui-ci conique à la base, subcylindrique en avant, son bord postérieur profondément échancré devant l'écusson. Pattes très longues.

RANATRA. Fab.

NEPA. *Lin.*

1 N. Cinerea. *Lin.* Déprimée, d'un brun cendré, opaque. Dos de l'abdomen en grande partie rouge. Pronotum avec des aspérités tuberculeuses et des reliefs saillants; un sillon transverse au tiers postérieur. Élytres rugueuses avec des nervures anastomosées en réseau. Ailes inférieures grisâtres, la base des nervures rouge. Pattes jaunâtres, confusément maculées ou annelées de brun. Long. 18-22.

Toute la France, commune dans les mares.

RANATRA. *Fab.*

1 R. Linearis. *Lin.* D'un flave grisâtre, dessus de l'abdomen rouge; ailes inférieures transparentes, irisées, la base des nervures brune. Appendice anal aussi long que le corps. Long. 30-35.

Toute la France, assez commune dans les mares.

FAMILLE DES NOTONECTIDES.

Corps oblong, un peu comprimé, caréniforme longitudinalement en dessus. Tête courte, son bord postérieur contigu au pronotum, front obliquement dirigé en dessous. Bec très court, à quatre articles (trois seulement chez les *Plea*). Antennes à quatre articles. Élytres avec ou sans membrane, celle-ci, quand elle existe, sans nervures. Cavités cotyloïdes antérieures creusées dans le bord postérieur du prosternum. Pattes postérieures disposées pour ramer. Tarses à deux articles, les antérieurs analogues aux autres; deux ongles.

Insectes très carnassiers, robustes rameurs et nageant sur le dos. Il faut les saisir avec précaution, la piqure de leur bec est douloureuse.

TABLEAU DES GENRES.

1 (4) Élytres homogènes, sans membrane, par conséquent la suture droite et libre jusqu'à l'extrémité.

2 (3) Élytres coriaces avec de gros points. Un clavus. Ailes inférieures multiplissées, leur cellule non divisée en deux. Yeux très distants. (Bec à trois articles; embolium petit, triangulaire. Taille très faible.

PLEA. Leach.

3 (2) Élytres transparentes, imponctuées, sans clavus ni membrane. Pas d'ailes inférieures. Yeux très grands, sinués latéralement en arrière, réunis au tiers postérieur de la ligne médiane et formant en arrière deux prolongements arrondis et avancés sur le bord antérieur du pronotum, qui par suite paraît faire partie de la tête (Bec à quatre articles; embolium grand, linéaire, en forme de canal occupant presque tout le bord externe de l'élytre; écusson beaucoup plus petit que dans les *Anisops*, dont ce genre a l'aspect).

ANTIPALOCORIS. Scott.

4 (1) Élytre avec une membrane grande, sans nervures, échancrée au bord postérieur, pliée en toit et recouvrant celle de l'autre élytre de sorte que la suture n'est libre que jusqu'à la membrane. Cellule des ailes inférieures divisée en deux (Bec à quatre articles. Embolium grand, linéaire, occupant tout le bord externe de l'élytre ; un clavus).

5 (6) Élytres transparentes, vitrées, glabres. Yeux subcontigus en arrière. Vertex du mâle prolongé en pointe en avant. Un seul article aux tarses antérieurs des mâles.

ANISOPS. Spin.

6 (5) Élytres opaques, colorées, veloutées. Yeux distants.

NOTONECTA. Lin.

PLEA. *Leach.*

1 P. MINUTISSIMA. *Fab.* Oblongue, scaphoïde en dessus, obtuse en avant, d'un jaune blanchâtre ; pronotum et élytres avec de gros points enfoncés, très serrés, dont les intervalles forment par place une sorte de réseau polygonal. Vertex avec une bande longitudinale ferrugineuse ; écusson moins ponctué que le pronotum et les élytres ; celles-ci avec une bande oblique, très vague et l'extrémité un peu rembrunies, souvent entièrement flaves. Dessous du corps brun, pattes flaves. Long. 3.

Toute la France et la Corse, commune dans les mares.

ANTIPALOCORIS. *Scott.*

1 A. MARSHALLI. *Scott.* 1872. Oblong, forme et aspect d'un petit *Anisops*. D'un blanchâtre à peine flavescent, translucide, lisse et brillant en dessus. Yeux très grands, noirs, occupant presque toute la tête. Écusson moyen. Pronotum lisse, son bord antérieur caché par les prolongements des yeux, son bord postérieur droit. Elytres translucides, l'extrémité enfumée, le canal marginal en grande partie noir. Dessous du corps presque entièrement noir ; pattes pâles, les tibias postérieurs et tarses noirs en partie. Long. 5.

Découvert en Corse dans la Gravone par M. le Rev. Marshall avec l'*Anisops.*

ANISOPS. *Spin.*

1 A. PRODUCTA. *Fieb.* Allongé, d'un blanchâtre flavescent, lisse, brillant, imperceptiblement pointillé. Bord postérieur du pronotum légèrement échancré devant l'écusson ; celui-ci grand. Élytres entièrement incolores, vitrées, n'ayant de couleur que par les organes en dessous vus par transparence. Arète supérieure des fémurs antérieurs et intermédiaires et base des postérieurs noires ; dessous du corps en partie brun. Vertex du mâle prolongé en pointe en avant. Long. 9.

Corse, très rare : dans la Gravone.

NOTONECTA. *Lin.*

1. N. GLAUCA. *Lin.* Allongée, tête et pronotum d'un flave blanchâtre, lisses, brillants, avec quelques points enfoncés. Côtés du pronotum rebordés, bord postérieur presque droit, tranchant. Écusson noir, velouté. Élytres veloutées, opaques, de couleur variable, membrane brune. Dessous du corps brun ; pattes d'un flave verdâtre. Long. 14-16.

Var. Glauca. L. Élytres jaunâtres, quelques petites taches brunes le long de la marge et une à l'angle interne. Metanotum et dos de l'abdomen noirs. Nervures des ailes inférieures brunes à la base.

Var. Marmorea. Fab. Élytres jaunâtres, marbrées de nombreuses taches brunes ; le reste comme dans la précédente.

Var. Furcata. Fab. Elytres noires avec deux lignes longitudinales flaves à la base, un peu divergentes, l'une occupant presque tout le clavus, l'autre au milieu de la base de la corie. Metanotum et dos de l'abdomen noirs Nervures de la base des ailes inférieures noires. Taille un peu plus grande.

Var. Umbrina. Germ. Elytres jaunâtres entièrement marbrées de nombreuses taches brunes. Metanotum et dos de l'abdomen d'un beau jaune ; celui-ci avec une grande tache noire qui occupe les segments 2, 3, 4 et la moitié du 5me. Nervures de la base des ailes inférieures jaunes. Variété méridionale (Corse, Var) et un peu plus petite. Peut-être espèce distincte.

Commune dans toute la France.

Obs. La *N. Lutea. Mull.* non encore trouvée en France est entièrement flave même l'écusson et n'a qu'une étroite bande noirâtre le long du bord externe des élytres.

FAMILLE DES CORISIDES

Corps allongé avec les côtés plus ou moins parallèles, peu convexe en dessus, luisant. Tête scutiforme, embrassant le bord antérieur du pronotum ; tous ses bords tranchants ; front recourbé en dessous comme dans les *Cicadines* ; yeux grands, peu élevés au dessus du niveau de la tête ; bec court, inarticulé, caché par l'épistome, qui est triangulaire, sillonné en travers. Antennes simples, à trois ou quatre articles. Pronotum transverse, arrondi en avant, plus ou moins allongé en angle en arrière (1). Élytres de substance homogène, parcheminées, formées d'un corie, d'un clavus, d'un embolium linéaire et d'une membrane, celle-ci sans nervures. Chaque paire de pattes d'une construction et d'une fonction différentes : les antérieures courtes, leur tarse inarticulé, en forme de palette (*pala*) large, ciliée à son bord antérieur, qui est tranchant, le bord supérieur obtus. Pattes intermédiaires destinées à la station de l'insecte, très longues et grêles ; tarse à deux articles et deux ongles très longs, peu écartés. Pattes postérieures destinées à ramer, tarse à deux articles comprimés en rame, larges et ciliés, un seul ongle. Mesosternum composé, muni de *scapulæ*, metasternum de *pleuræ* et ordinairement de *metapleuræ*. Extrémité anale à deux valves.

Chez les mâles, les segments abdominaux en dessus et en dessous sont irrégulièrement et asymétriquement échancrés ; cette asymétrie à droite, excepté dans le sous-genre *Macrocorisa*. Dans le genre *Corisa* les mâles ont le front avec une fossette ou dépression très remarquable et caractéristique suivant les espèces ; la forme de la palette tarsale du mâle est aussi très différente dans les diverses espèces.

Insectes vivant souvent par troupes dans les eaux tranquilles et même stagnantes.

(1) L'angle postérieur du pronotum est plus ou moins confondu avec l'angle latéral ; il l'est tout-à-fait quand cet angle est aigu (*C. Fallenii*, etc.) ou même quand il est arrondi ; il est plus distinct quand l'angle latéral est un peu tronqué. On peut dans les descriptions ne considérer que l'angle latéral, qui sera alors aigu, arrondi ou tronqué.

TABLEAU DES GENRES.

1 (2) Écusson nul. Antennes à quatre articles. Cellule des ailes inférieures divisée en deux par une nervure oblique. Metasternum avec des pleures et parapleures.

CORISA. Geoff.

2 (1) Écusson distinct. Antennes à trois articles. Cellule des ailes non divisée. Metasternum sans parapleures. Front convexe dans les deux sexes. Insectes très petits, de forme plus elliptique.

SIGARA. Fab.

CORISA. *Geoff.*

1 (50) Pronotum avec des lignes transverses jaunes et brunes. Palette du mâle dilatée, non subcylindrique ni très longue; tibia toujours bien distinct de la palette.

2 (43) Palette du mâle non armée d'un ongle ou éperon à l'extrémité. Pronotum médiocrement allongé ; sa carène médiane courte, n'occupant en avant que la distance de deux ou trois lignes transverses.

3 (10) Asymétrie à gauche chez le mâle. Tibia antérieur armé d'un éperon chez le mâle. Pronotum et élytres non ratissés (1). (Yeux atteignant à peu près le bord postérieur de la tête). *Subg. Macrocorisa Thoms.*

4 (7) Pronotum avec 16 à 20 lignes transverses pâles.

5 (6) Tibia intermédiaire non denté à la base dans les deux sexes. Fémur intermédiaire non denté près du sommet chez le mâle.

1 C. GEOFFROYI. *Leach. Thoms.* Dessus brun, lisse, brillant. Élytres également parsemées de petites taches pâles (*Irrorata*). Membrane non séparée de la corie par une ligne pâle. Dessous

(1) *Rastratus*, couvert de fines strioles, courtes, parallèles.

flave avec le milieu de la poitrine et des taches sur les hanches noirs ainsi que les deux ou trois premiers segments ventraux. Mâle : fossette frontale très superficielle, ne dépassant pas ou peu le bord antérieur des yeux. Palette allongée, à bords supérieur et inférieur parallèles, brusquement et obtusément arrondie au sommet. Long. 13-15.

Commune dans toute la France.

6 (5) Tibia intermédiaire comprimé - denté à la base dans les deux sexes. Fémur intermédiaire avec une dent en dedans un peu avant le sommet chez le mâle.

2 C. Dentipes. *Thoms.* Ne diffère de l'espèce précédente que par les caractères ci-dessus indiqués et par l'espace opaque [1] du clavus un peu plus long. Long. 13-15.

Vosges.

Obs. La *C. Xanthosoma. Fieb.* d'Italie, se rencontrera peut-être dans le midi de la France ; elle ne diffère de la *C. Geoffroyi* que par le dessous du corps et le dos de l'abdomen pâles, sans taches et la palette du mâle un peu plus obtuse à l'extrémité.

7 (4) Pronotum avec 12 à 14 lignes transverses pâles.

3 C. Atomaria. *Illig.* Dessus brun, lisse, brillant ; pronotum avec 12 à 13 lignes transverses, fines, jaunâtres, souvent confluentes ; élytres avec des lignes transverses, ondulées, formées par la réunion de petites taches ; membrane non séparée de la corie par une ligne flave. Dessous du corps en grande partie flave ; milieu de la poitrine et base de l'abdomen noirs. — Mâle : fossette frontale oblongue, dépassant le bord antérieur des yeux. Palette en lame de couteau, graduellement plus large vers l'extrémité, qui est brusquement tronquée-arrondie. Long. 11.

France méridionale : Landes, Var, Avignon, Vendée, Lyon,

(1) Le clavus est séparé de la corie par une suture qui présente à la base un espace opaque, d'aspect membraneux, plus ou moins long suivant les espèces.

Corse. Ne manque pas tout-à-fait dans le nord, car j'en ai vu un exemplaire de Saint-Valery (Somme) dans la collection Signoret.

Obs. Bien que Fieber et MM. Douglas et Scott, Buchanan-White et Saunders distinguent de cette espèce la *C. Panzeri. Fieb.*, je ne puis y voir des différences sensibles et je n'hésite pas à les réunir. D'après ces auteurs la *C. Panzeri* se distinguerait par la palette du mâle moins brusquement tronquée, la fossette frontale avancée jusqu'au milieu des yeux, les quatre à cinq premières lignes transverses du pronotum entières, le bord postérieur du pronotum finement jaune. M. Saunders ajoute que l'ongle des pattes intermédiaires est plus court que le tarse dans la *C. Panzeri* et plus long dans l'*Atomaria*. Ces différences ne sont pas appréciables pour moi et je possède un type de Fieber de la *Panzeri* qui présente les palettes avec la forme qu'il figure pour l'*Atomaria*. Je présume que les différences signalées dans la palette viennent de ce que cet organe a été observé de face dans l'une des espèces et un peu obliquement dans l'autre.

8 (3) Asymétrie à droite chez le mâle. Tibia antérieur sans éperon dans les deux sexes. Pronotum et élytres plus ou moins ratissés (Yeux atteignant à peu près le bord postérieur de la tête).

9 (40) Premier article du tarse postérieur non marqué de noir en dessous. (*Subg. Corisa*).

10 (13) Pronotum et clavus plus ou moins, souvent à peine ratissés. Corie ponctuée, non ratissée.

11 (12) Dessus noir à lignes flaves. Pronotum à peine ratissé. Fossette frontale du mâle prolongée sur le vertex et coupée par une carène transverse au point de passage du front au vertex; il en résulte que la fossette frontale est divisée en deux parties non situées dans le même plan.

4 C. Lugubris. *Fieb.* (*Stâli Dgl. Sc. Salina Put. Laevis Th.*) Dessus du corps presque entièrement lisse, à peine quelques traces de strioles sur les côtés du pronotum et la base du clavus. Tête un peu renflée. Pronotum avec sept lignes transverses flaves bien

régulières. Élytres avec des lignes transverses flaves, très irrégulières et interrompues ; membrane séparée de la corie par une ligne flave ; lignes flaves de la base du clavus un peu élargies ; canal marginal des élytres noirâtre à la base. Dessous du corps plus (*lugubris*) ou moins noir (*Stâli*). Extrémité du tarse intermédiaire noir. — Mâle : Fémur antérieur fortement renflé et angulé en dedans ; palette assez courte, fortement dilatée à la base, et de là graduellement rétrécie vers l'extrémité. Fossette très remarquable, décrite ci-dessus. Long. 6.

Cette espèce paraît affectionner les eaux salées : Calais, Aiguesmortes, Fréjus, Vendée, Corse. Se trouve aussi en Algérie, Sicile, Espagne, Angleterre et Suède.

Obs. Je n'hésite pas à réunir les *C. lugubris* et *Stâli* ; la fossette frontale et la palette du mâle, si caractéristiques, ne permettent pas de les séparer. Le type de la *lugubris*, que j'ai vu, est presque entièrement noir en dessous et a le bord antérieur des palettes noir. Ces variétés de coloration sont fréquentes dans ce groupe et la *C. Scripta* en présente de plus frappantes encore.

La *C. Coxalis Fieb.*. du nord de la Prusse, décrite sur une seule femelle, ce qui est insuffisant, n'est peut-être aussi qu'une variété de la *C. lugubris*.

La *C. Mayri Fieb.* de l'Autriche, a la fossette frontale du mâle construite sur le même type que la *lugubris*, mais elle paraît distincte par la forme de la palette.

12 (11) Dessus flave à lignes noires. Pronotum ratissé. Fossette frontale du mâle oblongue, profonde et très avancée au milieu des yeux, où elle se termine en demi-ellipse, non divisée par une carène transverse.

5 C. Hieroglyphica. *Duf.* Allongée, étroite, assez convexe transversalement ; d'un flave blanchâtre à dessin noir, très fin. Pronotum prolongé en arrière ; angle latéral obtus ; huit à neuf lignes noires transverses. Elytres poilues, non ratissées. Base du clavus sans lignes noires ; le reste de sa surface et corie avec des lignes noires très fines, très irrégulières, anguleuses et souvent inter-

rompues, celles de la corie formant deux lignes longitudinales; membrane séparée de la corie par une ligne flave; linéoles noires de la membrane très irrégulières, confluentes au bord. Dessous du corps flave avec la poitrine et l'abdomen plus ou moins noirâtres; dernier article du tarse postérieur souvent noirâtre en dessous. — Mâle : palette en lame de couteau, allongée, parallèle; fossette décrite plus haut; tête sensiblement prolongée en angle en avant. Long. 5 $^1/_2$-6.

Probablement toute la France. Assez commune : Nord, Paris, Yonne, Vosges, Var, Landes, Hautes-Pyrénées, etc.

Obs. La *C. Scripta Ramb.* (*Melanosoma Fieb.* ♂ = *Apicalis Fieb.* ♀), qui se trouve en Espagne, Sicile et Algérie, se rencontrera peut-être dans le midi de la France. Elle diffère de la *Hieroglyphica* par son dessin noir encore plus léger, les lignes de la corie non confluentes en lignes longitudinales, celles du pronotum plus nombreuses (10 à 11) et surtout la tête du mâle longuement prolongée en pointe en avant. Le dessous du corps est tantôt entièrement noir, surtout chez le mâle, tantôt entièrement flave.

La *C. Selecta Fieb.* est une espèce encore douteuse pour moi; je n'en possède de l'auteur qu'un exemplaire femelle, sexe trop mal caractérisé pour juger de la validité de l'espèce; cet exemplaire ne me paraît qu'une *Hieroglyphica* dont le dessin noir est plus développé, plus confluent. Il est d'ailleurs à remarquer que les deux descriptions de Fieber ne concordent pas (*pronoto vix elongato.* — *Pronotum verlaengert*).

13 (10) Pronotum, clavus et corie fortement ratissés.

14 (15) Pronotum avec une ligne longitudinale flave (Bordures et suture des élytres flaves. Taille très petite pour le genre).

6 C. Hellensi. *Sahlb.* Brune et fortement ratissée en dessus. Pronotum court, marqué de 4 à 5 lignes transverses jaunâtres. Toutes les sutures et bordures des élytres flaves; clavus avec 8 à 9 lignes obliques, flaves, entières; corie avec 15 à 18 lignes transverses, espacées, un peu interrompues. Milieu de la poitrine et base de

l'abdomen noirs. — Mâle : fossette frontale non enfoncée, mais platte, parallélogrammique, atteignant les yeux et terminée en ce point par un tubercule obtus. Palette en lame ovalaire, assez courte, large à la base, pointue au sommet. Long. 4 $^1/_2$-5.

Très rare en France : Yonne (M. Poulain), Oise (Collection Signoret).

15 (14) Pronotum sans ligne longitudinale médiane flave.

16 (21) Corie entièrement et fortement ratissée, à lignes transverses flaves, parallèles, ondulées, entières et bien régulières. Membrane peu distinctement séparée de la corie par une ligne flave.

17 (20) Palette entièrement flave dans les deux sexes. Celle du mâle ayant sa plus grande largeur à l'extrémité, où elle est brusquement tronquée.

18 (19) Pronotnm prolongé en arrière, presque deux fois aussi long que le vertex, marqué de 8 à 9 lignes flaves. Angle postérieur de la corie flave sans lignes brunes.

7 C. Sahlbergi. *Fieb.* Assez large et peu convexe ; dessus brun, opaque, vextex ordinairement rembruni en arrière. Pronotum à lignes flaves, fines et régulières, angle latéral arrondi. Elytres à lignes flaves espacées, fines, ondulées, parallèles, entières et bien régulières, l'angle apical externe et le tiers postérieur de la suture de la membrane flaves, sans taches ; membrane brune, lisse, à dessin très obsolète. Canal marginal des élytres ordinairement brun. Milieu de la poitrine, hanches et base de l'abdomen plus ou moins noirs. — Mâle : fossette frontale très peu enfoncée, dépassant à peine les yeux. Palette en lame un peu élargie vers l'extrémité qui est brusquement tronquée-arrondie. Long. 7-8.

Toute la France, assez commune.

19 (18) Pronotum peu prolongé en arrière, à peine plus long que le vertex, marqué de 6 lignes flaves. Angle postérieur de la corie brun à lignes flaves comme le disque.

8 C. LINNEI. *Fieb*. Ressemble beaucoup à la précédente comme forme et aspect; en diffère, outre les caractères ci-dessus, par sa taille un peu plus faible, le vertex entièrement pâle, la suture de la membrane nullement marquée par une ligne flave. Les caractères du mâle sont à peu près les mêmes. Long. 7.

Toute la France, assez commune.

20 (17) Palette noire à l'extrémité dans les deux sexes; celle du mâle ayant sa plus grande largeur avant le milieu et à partir de ce point acuminée vers l'extrémité (Pronotum avec 7 lignes flaves; angle postérieur de la corie flave sans lignes brunes).

9 C. TRANSVERSA. *Fieb*. Forme et aspect des deux précédentes, mais un peu plus petite; pronotum un peu moins long que dans la *C. Sahlbergi* et un peu plus long que dans la *C. Linnei*. Canal marginal des élytres noir à la base et avec une tache noire transverse un peu avant l'extrémité. Angle postérieur de la corie flave sans taches, ainsi que le tiers postérieur de la suture de la membrane. Bord arqué de la membrane largement noir, son disque à dessin flave très peu apparent. Dessous du corps en grande partie noir. Quelques exemplaires (surtout ceux d'Algérie) ont les lignes flaves transverses des élytres plus développées et deviennent aussi larges que les lignes brunes, excepté un peu avant l'extrémité de la corie où le brun domine toujours. — Mâle : Palette décrite plus haut. Front sans fossette, simplement un peu aplati. Long. 6 $^1/_2$-7.

Rare en France : Lyon, Charente.

21 (16) Corie à lignes flaves transverses, moins parallèles, plus ou moins interrompues.

22 (23) Dessin des élytres très confus, à peine apparent, ce qui rend les cories et la membrane presque entièrement brunes. Corie non séparée de la membrane par une ligne flave.

10 C. MOESTA. *Fieb*. Dessus brun; pronotum avec 6 lignes transverses flaves, très étroites, angle latéral obtus. Elytres finement

et entièrement ratissées, à lignes flaves transverses, plusieurs fois interrompues, très oblitérées et à peine visibles sous un certain jour, parce qu'elles sont fondues avec la couleur foncière, celles de la base du clavus un peu plus larges et plus visibles; membrane paraissant presque entièrement brune. Milieu de la poitrine et base du ventre largement noirs. — Mâle : fossette frontale très superficielle, à peine enfoncée, étroite, n'atteignant pas les yeux. Palette parallélogrammique, tronquée au sommet, le bord inférieur très légèrement angulé un peu après la base. Long. 6.

Toute la France et la Corse, assez commune.

23 (22) Dessin des élytres bien distinct; membrane séparée de la corie par une ligne flave bien apparente.

24 (29) Taille de 7 1/2 à 8 mill. Fossette frontale du mâle très superficielle.

25 (26) Pronotum avec six lignes transverses jaunes. Lignes jaunes de la base du clavus plus dilatées que les autres. Palette du mâle ayant sa plus grande largeur près de l'extrémité (Angle latéral du pronotum obtus).

11 C. Striata. *Lin.* Allongée, étroite, convexe transversalement; dessus brun, brillant, pronotum court, à six lignes transverses presques aussi larges que les lignes brunes. Clavus à lignes jaunes fines, angulées, en zig-zag, quelquefois interrompues, les quatre premières de la base bien plus larges surtout au côté interne. Corie à lignes jaunes fines, nombreuses, ondulées et angulées, interrompues surtout au bord interne et au bord externe ou la confluence des lignes noires forme deux lignes longitudinales noires. Canal marginal presque entièrement flave. Suture de la membrane avec une ligne flave bordée inférieurement d'une ligne noire; disque de la membrane à dessin serré, très irrégulier, hiéroglyphique, son bord arqué étroitement noir. Dessous du corps flave, le milieu de la poitrine étroitement noir. Ongles des pattes intermédiaires plus courts que le tarse. — Mâle : Palette en lame assez régulière et assez large, sa plus grande largeur

un peu avant l'extrémité, bord inférieur droit. Fossette frontale très superficielle, courte, parallèle. Long. 8

Toute la France : très commune.

26 (25) Pronotum avec 8 à 9 lignes jaunes. Lignes jaunes de la base du clavus non élargies. Palette du mâle ayant sa plus grande largeur à la base ou près de la base.

27 (28) Angle latéral du pronotum aigu.

12 C. Fallenii. *Fieb.* Ressemble extrêmement à la précédente, dont elle se distingue cependant assez facilement par les caractères déjà indiqués et ses ongles intermédiaires plus longs que le tarse. Palette du mâle en triangle, s'amincissant graduellement vers le sommet à partir de la base qui est fortement dilatée à angle droit au côté supérieur, le bord inférieur très obtusément angulé un peu avant la base. Fossette frontale très superficielle. Long. 7 1/2-8.

Commune dans toute la France.

28 (27) Angle latéral du pronotum obtus.

13 C. Distincta. *Fieb.* Taille, aspect et couleurs de la précédente : en diffère, outre l'angle latéral obtus du pronotum, par les ongles intermédiaires à peine plus longs que le tarse, la forme un peu plus large et moins convexe et surtout la structure de la palette du mâle, qui n'est pas abruptement et rectangulairement dilatée à la base, mais est semi-ovalaire au bord supérieur et présente sa plus grande largeur vers le tiers basal ; le bord inférieur légèrement arqué a près de la base un angle très obtus. Long. 8.

Probablement toute la France, mais souvent confondue avec les précédentes.

Obs. La *C. Vernicosa. Wallen.* (*Douglasi Fieb. in Dgl. Sc.*) de Suède et d'Écosse, n'est peut-être qu'une variété plus fortement colorée de la *Distincta* avec le bord externe des tibias postérieurs brun, caractère que j'ai trouvé dans plusieurs *Distincta* de France. Les auteurs anglais donnent 7 lignes flaves au pronotum de la *Douglasi* et c'est le nombre que je trouve sur mes exemplaires ; M. J. Sahlberg en indique 8-9 à la *Vernicosa.* Les caractères du mâle sont exactement les mêmes que dans la *Distincta.*

29 (24) Taille de 5 à 6 1/2 mill.

30 (39) Pronotum avec 6-8 lignes flaves.

31 (36) Fossette frontale du mâle profondément excavée et terminée en avant par une courbe semi-ovalaire, atteignant le milieu des yeux. Lignes flaves du clavus parallèles, à peine interrompues ou raccourcies.

32 (33) Pronotum avec 8 lignes flaves. Lignes flaves transverses de la corie interrompues par deux lignes longitudinales noires.

14 C. Limitata. *Fieb.* Brune en dessus ; pronotum avec 8 lignes flaves un peu plus larges que les intervalles bruns ; angle latéral obtus. Lignes du clavus obliques, parallèles, presque toutes entières, aussi larges que les intervalles bruns, celles de la base plus larges. Lignes flaves, transverses, de la corie inégales, irrégulières, interrompues par deux lignes longitudinales noires, l'une le long du bord externe, l'autre au bord interne. Membrane séparée de la corie par une fine ligne flave. Dessous du corps flave ; milieu de la poitrine et base de l'abdomen plus ou moins largement noirs. Ongles intermédiaires un peu plus longs que le tarse. — Mâle : fossette frontale très profonde, obovale. Palette en lame courte, large, deux fois aussi longue que large, bord supérieur en arc surbaissé, bord inférieur avec un angle très obtus un peu après la base. Tibia antérieur très renflé, presque aussi large que la palette. Long. 6-6 1/2.

Une grande partie de la France ; assez rare : Nord, Vosges, Yonne, Lyon, Tarbes.

33 (32) Pronotum avec 7 lignes flaves. Lignes flaves transverses de la corie interrompues par trois lignes longitudinales noires.

34 (35) Taille de 6-6 1/2 mill. Tibia antérieur très renflé chez le mâle.

15 C. Semistriata. *Fieb.* Très voisine de la précédente : pronotum avec 7 lignes flaves aussi larges ou moins larges que les intervalles bruns. Lignes flaves du clavus et de la corie moins larges ; celles de la corie interrompues par trois lignes longitudinales noires ; canal marginal des élytres en partie noir ; dessous du corps plus largement noir même sur les côtés de la poitrine. Vertex ayant souvent une tache brune. — Mâle : fossette frontale et tibia antérieur comme dans la *C. limitata* ; palette plus courte, semiorbiculaire, son bord supérieur en demi-cercle régulier, son bord inférieur droit, non visiblement angulé près de la base. Long. 6-6 $^1/_2$.

Nord, Vosges, Lyon, Landes, Hautes-Pyrénées.

35 (34) Taille de 4 $^1/_2$-5 mill. Tibia antérieur du mâle non sensiblement renflé.

16 C. Venusta. *Dgl. S.* Très voisine des deux espèces précédentes, mais plus courte et proportionnellement plus large. Pronotum plus court, avec 7 lignes flaves plus larges que les intervalles bruns. Clavus avec des lignes flaves aussi larges que les intervalles ; ces lignes entières, parallèles, obliques ; celles de la base plus larges. Lignes flaves de la corie interrompues comme dans la *Semistriata* par trois lignes longitudinales brunes et en outre l'angle interne même de la corie brun. Dessous du corps moins largement noir. — Mâle : fossette frontale comme dans les deux précédentes ; tibia antérieur non renflé ; palette courte et large, en forme de demi-cœur, son bord supérieur arqué avec sa plus grande largeur vers le tiers basilaire, le bord inférieur droit. Long. 4 $^1/_2$-5.

Je n'en connais que deux exemplaires français venant d'Avignon.

36 (31) Fossette frontale du mâle très superficielle, non terminée en avant par une courbe semiovalaire. Lignes flaves du clavus subparallèles, plus ou moins interrompues vers l'extrémité.

37 (38) Pronotum avec 6 lignes flaves et l'angle latéral droit. Fossette

frontale du mâle non terminée en avant par une carène transverse droite.

17 C. FOSSARUM. *Leach.* Brune ; pronotum court avec 6 lignes transverses flaves plus étroites que les intervalles ; lignes flaves du clavus subparallèles, presque entières, celles de la base un peu plus larges. Lignes de la corie ondulées, souvent et irrégulièrement interrompues ; canal marginal des élytres flave. Dessous du corps flave, milieu de la poitrine et base de l'abdomen noirs Ongles intermédiaires un peu plus longs que le tarse. — Mâle : Palette en triangle un peu curviligne, 2 $1/_2$ fois aussi longue que large ; la plus grande largeur près de la base qui est coupée droit. Fossette frontale très superficielle, plate, en parallélogramme, terminée au niveau du bord antérieur des yeux par un relief transverse, très peu saillant, en forme d'accolade. — MM. Thomson et J. Sahlberg indiquent dans ce sexe les tibias antérieurs renflés, caractère qui n'existe pas dans mes exemplaires. Long. 6.

Nord, Vosges, Yonne, Lyon, etc.

38 (37) Pronotum avec 7 lignes flaves et l'angle latéral largement arrondi. Fossette frontale du mâle terminée au niveau des yeux par une carène transverse droite.

18 C. FABRICII. *Fieb.* Forme et taille de la précédente. Très variable pour la couleur qui est tantôt brune à fines lignes flaves, tantôt flave (*var. Nigrolineata. Fieb.*) à fines lignes noires ; j'ai même vu un exemplaire des Hautes-Pyrénées presque entièrement flave avec seulement quelques traits noirs imperceptibles à l'extrémité de la corie. Pronotum court, l'angle latéral très court, largement arrondi, situé notablement en dedans de l'angle huméral des élytres ; carène médiane courte, en forme de tubercule élevé. Lignes transverses de la corie interrompues par une ligne longitudinale noire le long du bord interne et l'angle interne même généralement noir. Canal marginal des élytres noir chez les variétés brunes, le plus souvent noir en partie chez les variétés pâles. Dessous du corps en grande partie noir chez les variétés obscures. — Mâle : palette deux fois et demi aussi longue que large, sa plus grande largeur au milieu, le bord supérieur étant

régulièrement arqué et le bord inférieur droit. Fossette frontale très superficielle, plate, en parallélogramme, abruptement terminée au bord antérieur des yeux par une carène transverse, droite, saillante. Long. 5 $^1/_2$-6.

Toute la France, commune : Nord, Vosges, Yonne, Orléans, Rouen, Alpes, Pyrénées, Var, Corse, etc.

Obs. Les *C. Micans*, *Dubia*, *Perplexa*, *Decora*, *Whitei* et *Borealis Dgl. Sc.* ne sont que des variétés plus ou moins colorées de cette espèce si facilement reconnaissable à la fossette frontale du mâle.

39 (30) Pronotum avec 5 lignes flaves. Taille petite. Fossette frontale du mâle très superficielle, ou mieux, front plan, non enfoncé.

19 C. Scottii (*Fieb.*). *Scott.* Dessus brun, pronotum court, avec cinq lignes flaves bien régulières et un peu plus étroites que les intervalles; angle latéral obtus, au même niveau que l'angle huméral des élytres. Lignes flaves du clavus obliques, presque toutes entières, celles de la base dilatées au côté interne; celles de la corie étroites, courtes, interrompues par deux lignes longitudinales brunes, l'une un peu en dedans du bord externe, l'autre un peu en dehors du bord interne. Canal marginal flave; suture de la membrane avec une ligne flave bordée inférieurement d'une ligne noire; membrane à dessins hiéroglyphiques, son bord arqué noir. Dessous du corps presque entièrement flave. Ongles intermédiaires d'un tiers plus longs que le tarse. — Mâle : palette 2 $^1/_2$ fois plus longue que large, son bord supérieur en arc très surbaissé, graduellement en pointe à partir du tiers apical. Fossette frontale très superficielle, plate, atteignant à peine le bord antérieur des yeux où elle ne se termine pas abruptement. Long. 5.

Découverte à Dax par M. Duverger. — Ressemble un peu à *Venusta*, dont elle est facile à distinguer par la fossette frontale.

40 (9) Premier article du tarse postérieur marqué en dessous d'une tache noire au sommet (*Subg. Callicorisa Buch.*).

41 (42) Dessin flave de la corie disposé en lignes transverses. Pronotum avec 7-8 lignes noires. Tibia antérieur et palette marqués de noir en dessus. Palette du mâle contournée sur son axe, élargie vers l'extrémité.

20 C. Præusta. *Fieb.* Dessus brun, pronotum assez prolongé en arrière, angle latéral presque droit, 7-8 lignes flaves, régulières, presque aussi larges que les intervalles; lignes des élytres transverses, ondulées, assez régulières et peu interrompues; suture de la membrane marquée par une ligne flave peu apparente; canal marginal des élytres souvent noir ou obscurci. Dessous du corps ordinairement en grande partie noir. Premier article du tarse postérieur ayant en dessous une grande tache quadrangulaire noire qui en occupe le tiers apical. Bord antérieur de la palette et du tibia antérieur, quelquefois aussi genoux postérieurs maculés de noir. — Mâle : palette allongée, dilatée en cuiller vers l'extrémité et contournée sur son axe. Fossette frontale assez excavée, terminée au delà des yeux par un arc peu abrupte. Long. 7.

Espèce du nord de l'Europe dont je n'ai vu qu'un exemplaire de France que j'ai pris à Gerardmer (Hautes-Vosges).

Obs. La *C. Wollastonii Dgl. Sc.* n'en est peut-être qu'une variété plus obscure, à dessins plus confus.

42 (41) Dessin flave de la corie très irrégulier, en gouttelettes, non disposé en lignes transverses. Pronotum avec 9-10 lignes noires. Palette du mâle en lame de couteau bien régulière, non contournée sur son axe.

21 C. Concinna. *Fieb.* Espèce très voisine de la précédente dont elle diffère, outre les caractères ci-dessus, par le dessin flave plus large que les intervalles bruns, le dessous du corps plus largement flave ainsi que le canal marginal des élytres, la palette et le tibia antérieur sans taches noires, la tache noire du premier article du tarse postérieur moins grande, la fossette frontale du mâle un peu plus profonde et mieux limitée surtout sur les côtés. Long. 7.

Je n'en connais pas d'exemplaires trouvés en France, mais elle se trouve en Belgique tout près de notre frontière.

43 (2) Palette du mâle armée à l'extrémité d'un ongle ou éperon long, mince, peu renflé à la base. Pronotum plus long, sa carène médiane entière ou presque entière (*Subg. Glaenocorisa Thoms.*)

44 (47) Yeux peu saillants, comme chez les espèces précédentes, atteignant à peu près le bord postérieur de la tête.

45 (46) Poitrine et ses côtés en grande partie noirs, ainsi que les hanches et les quatre premiers segments du ventre. Pronotum avec 10-12 lignes transverses noires.

22 C. Carinata. *Sahlb.* (*Cognata Fieb. Sharpi Dgl. Sc.*). Allongée, brune; vertex souvent rembruni. Pronotum très allongé en arrière, angle latéral droit, carène médiane presque entière. Lignes flaves du clavus très irrégulières, celles de la base un peu plus larges et plus parallèles. Lignes flaves de la corie très courtes, disposées en lignes longitudinales irrégulières; suture de la membrane avec une ligne flave très vague; canal marginal en partie noir. Ongle intermédiaire aussi long que le tarse, qui est noir à l'extrémité.— Mâle : fossette frontale oblongue, très excavée, prolongée au-delà du bord antérieur des yeux. Palette allongée, arquée sur sa tranche à la base; tibia antérieur dilaté, plus large que la palette, en prisme triangulaire. Long. 8-10.

Espèce alpine : Hautes-Pyrénées : Arrens, lac d'Oncet, 2.200 mètres. Assez commune dans les Hautes-Alpes suisses; se trouvera certainement dans nos Alpes françaises. — Les exemplaires des Hautes-Pyrénées, trouvés par M. Pandellé, sont un peu plus petits (8 m.) que ceux de la Suisse, mais ne m'ont pas présenté d'autres différences.

46 (45) Côtés de la poitrine et xyphus en grande partie flaves; les deux premiers segments du ventre bruns. Pronotum avec 9-10 lignes transverses noires.

23 C. Germari. *Fieb.* (*Variegata Walleng. Intricata Dgl. Sc.*). Très voisine de la précédente dont elle ne me paraît qu'une variété de

coloration, puisqu'elle présente les mêmes caractères sexuels; elle n'en diffère que par le dessin flave qui a pris plus de développement et les caractères ci-dessus indiqués. Long. 9-10.

Espèce du nord de l'Europe et des Alpes d'Autriche, dont je n'ai pas vu d'exemplaires de France : cependant j'ai trouvé, dans la collection Fieber, un exemplaire du Vernet (Pyrénées-Orientales) désigné sous le nom de *C. Dohrni*, qui ne m'en paraît pas distinct; malheureusement cet exemplaire est une femelle, sexe trop peu caractérisé pour juger de la validité de l'espèce.

47 (44) Yeux fortement saillants, n'atteignant pas le bord postérieur de la tête qui reste libre et forme une bande relevée. Tibia intermédiaire non sensiblement plus long que le tarse. Front déprimé chez la femelle.

48 (49) Dessus noir à lignes flaves transverses très étroites. Vertex et arète externe des tibias postérieurs noirs; carène du pronotum entière. (*Cavifrons. Thoms.* = *Carinata Fieb. Alpestris Dgl. Sc.* espèce alpestre du nord de l'Europe et des Alpes de Hongrie).

49 (48) Dessus flave à dessin noir. Tête et tibias postérieurs flaves. Carène du pronotum non prolongée au-delà du milieu (*Propinqua Fieb.*, espèce d'Autriche).

50 (1) Pronotum sans lignes transverses jaunes et brunes. Vertex proéminent formant un angle aigu avec le front. Tibia antérieur extrêmement court, peu distinct ou soudé avec la palette, qui est très longue, subcylindrique et terminée chez le mâle par un ongle très long et épaissi à la base. Yeux convexes n'atteignant pas le bord postérieur de la tête qui est relevé. Dessus du corps non ratissé. Front plan chez la femelle, excavé chez le mâle. Asymetrie à droite (*S. G. Cymatia Flor.*).

51 (52) Pronotum très prolongé en arrière, presque aussi long que large, sa carène médiane presque entière. Dessus flave à très fines mouchetures reticulées, brunes.

24 C. Rogenhoferi. *Fieb.* Allongée, étroite, d'un flave pâle, lisse. brillante; pronotum et élytres couverts en dessus de très fines

mouchetures brunes, formant un réseau très fin et serré. Bord postérieur de la tête étroitement brun ; angle latéral du pronotum largement arrondi, un peu marginé ; base du clavus flave sans mouchetures brunes ; côtés et bords des élytres étroitement noirs, membrane avec le même dessin que la corie, sa suture avec une ligne noire très fine. Dessous du corps flave, une tache noire bien limitée au milieu de la poitrine, valves génitales noires dans les deux sexes ; les deux premiers segments de l'abdomen noirs chez le mâle. Tarse intermédiaire noir au sommet, plus court que le tibia, aussi long que les ongles. Dernier segment ventral de la femelle avec une profonde échancrure circulaire au milieu de son bord postérieur. Long. 7.

Espèce qui se trouve dans une grande partie de l'Europe méridionale, le Caucase, l'Autriche, l'Italie, l'Algérie ; je ne doute pas qu'on ne la rencontrera un jour en Corse et dans le midi de la France.

52 (51) Pronotum court, de deux à quatre fois aussi large que long, sa carène courte, en forme de tubercule oblong.

53 (54) Pronotum deux fois aussi large que long. Des ailes. Une membrane aux élytres ; celles-ci avec des lignes brunes transverses obsolètes.

25 C. Bonsdorffi. *Sahlb.* D'un jaune brunâtre en dessus, lisse ; angle latéral du pronotum obtus, marginé ; élytres avec des lignes transverses brunes, vagues, obsolètes et irrégulières, canal marginal pâle. Dessous du corps testacé, la base de l'abdomen noirâtre ; valves génitales noires. Dernier segment ventral de la femelle non échancré. Long. 6.

Espèce du nord de l'Europe dont j'ai vu deux exemplaires de France, l'un des Vosges, l'autre de Dax.

54 (53) Pronotum très court, quatre fois aussi large que long, non prolongé en arrière. Élytres brunes avec deux bandes longitudinales plus pâles, obsolètes. Ordinairement ni ailes ni membrane.

26 C. Coleoptrata. *Fab.* Brune et lisse en dessus ; tête pâle, grande, plus large que le pronotum ; celui-ci très court, arqué

en avant et en arrière ; élytres brunes, un peu plus longues que l'abdomen, mais sans distinction de corie et de membrane ; clavus brun, un peu plus pâle à la base ; corie brune avec deux bandes longitudinales vagues, plus pâles. Pattes et dessous du corps flaves ; ventre noir chez le mâle, les valves génitales noires dans les deux sexes. Long. 4.

Commune dans toute la France.

Forma macroptera. (*C. Fasciolata Mls. Rey*.). M. Rey a bien voulu me communiquer le type unique de sa *C. fasciolata* que je regarde comme la forme macroptère de la *C. Coleoptrata*. Cet exemplaire est une femelle ; il est long de 4 $^1/_2$, les ailes sont aussi longues que les élytres ; la membrane est bien formée, d'un brun enfumé uniforme, sans taches, séparée de la corie par une ligne vague à peine plus foncée ; le pronotum est sensiblement plus long que dans la forme brachyptère ; le dessous du corps, même les valves génitales, est entièrement flave, comme si l'exemplaire était récemment transformé. — Cluny.

SIGARA. *Fab.*

1 (4) Élytres et pronotum d'un flave grisâtre avec des taches brunâtres vagues et plus ou moins confluentes, le bord scutellaire du clavus toujours plus pâle. Dessous du corps flave.

2 (3) Élytres opaques, imperceptiblement pointillées. Pronotum presque aussi long que la tête. Long. 1 $^1/_2$.

1 S. Minutissima. *Lin.* Elliptique ; vertex d'un testacé roussâtre ; front convexe dans les deux sexes, roussâtre au milieu ; pronotum court, arqué en avant et en arrière, d'un flave grisâtre, les bords flaves. Élytres d'un testacé grisâtre, le bord scutellaire et le bord externe flaves, des taches plus foncées très vagues et très variables, souvent non apparentes, sur leur surface ; membrane non distincte de la corie. Dessous du corps flave, base du ventre quelquefois un peu noirâtre. Long. 1 $^1/_2$; un des plus petits hémiptères.

Probablement toute la France, dans les lacs et étangs, mais il échappe aux recherches par sa petitesse : Vosges (lac de Gerardmer), Metz, Landes, Hautes-Pyrénées.

La variété *Powери. Dgl. Sc.*. non encore trouvée en France, a les taches brunes du pronotum et des élytres bien plus foncées et plus apparentes. Les exemplaires des Pyrénées sont déjà assez fortement tachetés,

3 (2) Élytres brillantes, plus visiblement ponctuées. Pronotum plus court que la tête. Taille un peu plus grande : 2 $^1/_4$.

2 S. Scholtzii. *Fieb.* Ressemble beaucoup au précédent, en diffère par les caractères ci-dessus indiqués ; en outre il paraît un peu plus large et le vertex paraît avoir trois traits longitudinaux roussâtres, mieux indiqués. Long. 2 $^1/_4$.

Probablement une grande partie de la France : Valenciennes, Pornic (Loire Inférieure), Remiremont, Corse. — Aussi en Algérie (Géryville), Espagne, Italie, Angleterre, etc.

Obs. Le *S. meridionalis Costa*, que je ne connais pas, n'est peut-être pas différent de cette espèce.

4 (1) Élytres et pronotum rougeâtres. Dessous du corps noir.

3 S. Leucocephala. *Spin.* Un peu plus convexe que les précédents ; pronotum et élytres d'un rougeâtre uniforme (d'un rouge de jujube mûre, dit Spinola) ; élytres imperceptiblement pointillées. Tête et pattes flaves ; vextex un peu rougeâtre en arrière. Dessous du corps noir. Spinola et Fieber indiquent sur les élytres des taches ou bandes vagues, plus foncées, que je n'aperçois pas sur le seul exemplaire que je connaisse et qui provient de la collection Fieber. Long. 2 $^1/_4$.

Espèce de Sardaigne qui se trouvera probablement en Corse.

ERRATA.

Je ne corrige que les fautes importantes :

P. 16, l. 4, *au lieu de* : du Carène pronotum, *lisez* : Carène du pronotum.

P. 19, en bas, *au lieu de : Kleidocerus didymus, lisez :* ISCHNORHYNCHUS, *Fieb.* (*Kleidocerus Westr. Cat.*) RESEDAE *Pz.* (*didymus Zett.*).

P. 21, *Ischnodemus Genei*, effacez l'indication de localité Lille et reportez-la à l'espèce précédente.

P. 24, l. 4, *au lieu de :* 1 (1), *lisez* : 1 (8).

P. 38, l. 12, *au lieu de* : Noir, antennes à longues soies dressées, testacées..., *lisez :* Noir, à longues soies dressées, antennes testacées....

P. 49, l. 5, par le bas, *au lieu de* : 8 (2), *lisez* : 3 (2).

P. 68, l. 9, par le bas, *au lieu de* : N. ATER. *Fieb.* (*Brachiidens. Sign.*), *lisez :* N. BRACHIIDENS. *Duf. An. Fr.* 1851. (*Ater Fieb.*).

P. 75, l. 9, par le bas, *au lieu de :* entre la pubescence; *lisez :* outre la pubescence.

P. 75, l. 6, par le bas, *au lieu de :* sinuée au milieu, *lisez :* située au milieu.

P. 86, l. 13, par le bas, *au lieu de :* très faiblement sinué, *lisez :* très fortement sinué.

P. 112, l. 4, par le bas, *au lieu de :* RAGUSANA *Fiey.* (*Ajugarum Freb.*), *lisez :* RAGUSANA *Fieb.* (*Ajugarum Frey.*).

P. 118, l. 1, en bas, *au lieu de : Cathusiana, lisez : Carthusiana.*

P. 150, l. 8, en bas, *au lieu de :* currues, *lisez : currens.*

ADDENDA.

P. 14. *Orsillus maculatus, ajoutez :* Bordeaux, Montpellier.

P. 20. *Ischnorhynchus geminatus, ajoutez :* Lyonnais.

P. 31. *Anomaloptera helianthemi, ajoutez :* Hyères.

P. 31. Après *Anomaloptera helianthemi, ajoutez :*

Forme macroptère : Plus grande, plus déprimée ; pronotum en trapèze fortement élargi aux épaules. Élytres ovalaires, peu convexes ; clavus blanchâtre sans taches, avec quatre lignes de points enfoncés bruns, les lignes marginales plus régulières ; commissure du clavus plus longue que l'écusson. Corie avec deux côtes médianes, fortes, élevées, subparallèles et réunies à la suture de la membrane, qui est elle-même costiforme ; les intervalles des côtes ponctués comme le clavus et marqués chacun de deux ou trois taches brunâtres un peu allongées ; angle postérieur externe de la corie aigu et bien plus prolongé en arrière que l'angle interne. Membrane grande, remontant en angle régulier dans les cories, comme chez l'*Oxycarenus modestus*, transparente, avec quatre fortes nervures costiformes brunes, l'intervalle des nervures avec quelques petites taches brunes. — Long. 2 $^3/_4$. — Un seul exemplaire trouvé à Dax, en juillet, par M. Duverger.

P. 34. Avant *Brachyplax, ajoutez :*

METOPOPLAX. *Fieb.*

1 M. Ditomoïdes. *Costa.* — Noir, opaque, grossièrement ponctué sur la tête et le pronotum, celui-ci avec quelques poils sur les côtés. Deuxième article des antennes flave excepté la base et le sommet. Élytres d'un flave blanchâtre, les deux nervures internes

noires au sommet ainsi que l'extrême bord postérieur. Hanches, genoux, tibias et base des tarses flaves. Long. 3 $^1/_2$.

Presque toute la France méridionale : Var, Hérault, Vaucluse, Cantal, Landes, Corse, etc.

Obs. Le *M. fuscinervis Stål.* d'Algérie, Sardaigne, Espagne, en diffère par une bande flave au bord postérieur du pronotum et le prolongement lamellaire du clypeus du mâle plus court.

P. 34, au *Brachyplax linearis, ajoutez :*

Montfaucon (Gard). — Il faut ajouter à la description que la tête et le pronotum sont hérissés sur les côtés de poils noirs ; caractère qui distingue cet insecte très facilement de l'*Oxycarenus pallens.*

P. 50. *Rhyparochromus hirsutus, ajoutez* en *Obs. :* Je ne considère cette espèce que comme une variété hispide de l'*antennatus.*

P. 52. *Piezoscelis staphylinus, ajoutez* aux localités : Dijon, un exemplaire macroptère.

P. 53. *Acompus rufipes, ajoutez* : très commun à Lille sur les fleurs de la grande valériane ; accouplements le 20 juin.

P. 54, ajoutez avant *Lasiocoris :*

4 STYGNUS MAYETI. *Put. Soc. ent. Fr.*, 1879, XVI. Oblong, élytres à côtés droits, parallèles. Dessus opaque, finement velouté, mais sans longs poils. Tête finement ponctuée, rousse ; yeux petits, peu saillants ; antennes testacées, le premier article dépassant peu le clypeus, le troisième court, le quatrième allongé, deux fois aussi long que le troisième. Pronotum et écusson d'un brun opaque, à ponctuation fine et serrée, avec une très fine pubescence blanchâtre, très courte, peu apparente ; surface du pronotum peu convexe, sans distinction de lobes antérieur et postérieur ; bords latéraux finement carénés, droits, atténués en avant de l'angle postérieur à l'angle antérieur qui est obtus. Élytres jaunâtres, très légèrement rembrunies au sommet et le long des nervures ; à lignes de points très fines et régulières sur le clavus et moins régulières le long du bord externe. Membrane d'un brun clair, les nervures un peu plus

pâles, peu visibles, excepté à la base. Dessous du corps et pattes testacés; les antérieures à peine plus fortes que les postérieures, mutiques; tibias droits. Long. 1 $^2/_3$.

Rochaute, près Beziers (M. Mayet). — Cette espèce, l'un des plus petits Lygaeides connus, a un peu l'aspect du *Cryptostemma alienum*. Elle diffère de ses congénères par sa taille, ses yeux moins saillants, son pronotum plus plan, à ponctuation plus fine, plus égale, sans distinction de lobes antérieur et postérieur.

P. 58. *Hyalochilus ovatulus, ajoutez :* Montpellier (Mayet).

P. 64. *Pachymerus pineti, ajoutez :* Rare : Digne, Apt, Pyrénées, Charente-Inférieure.

P. 71. Avant *Drymus pilicornis, ajoutez :*

5 *bis*. D. Piceus. *Flor.* (*Lamproplax Sharpi. Dgl. Sc.*) — Espèce distincte de toutes les autres par le lobe antérieur du pronotum lisse, brillant, non ponctué, excepté après le bord antérieur où se remarquent quelques rares points. Le ventre est couvert d'un duvet serré comme dans le premier groupe. — Brun ou brun-jaune plus ou moins pâle, brillant, presque glabre. Tête très finement ponctuée, antennes peu visiblement et très finement hispides, brunes, le premier et le dernier articles jaunâtres. Pronotum peu rétréci en avant et à peine sinué latéralement, le lobe antérieur convexe et lisse, le postérieur fortement ponctué et déprimé; les côtés avec quelques longues soies très fines et peu apparentes. Écusson presque noir, à ponctuation forte et assez espacée. Corie d'un brun jaunâtre à ponctuation presque en lignes avec des espaces lisses surtout vers l'angle postero-interne. Membrane blanchâtre légèrement enfumée extérieurement, aussi longue que l'abdomen ou laissant à découvert les deux derniers segments. Pattes jaunâtres, cuisses antérieures avec deux petites épines très fines avant le sommet; tibias avec des soies spiniformes, les antérieurs non arqués.

Un seul exemplaire trouvé à Lille, dans un bois de pins, par M. Lethierry.

P. 114. Après *M. Capucina, ajoutez* :

11 *bis*. M. Histricula. *Put. Bull. S. Fr.* 1878, LXVII. Petite espèce très curieuse qui vient se placer à côté de *Capucina Brach.* et est construite sur le même plan, mais en diffère au premier coup-d'œil par la marge des élytres plus étroite, à mailles non apparentes, ses côtes et carènes à épines plus fortes et plus serrées. D'un roux pâle; bordures et carènes du pronotum et des élytres avec des épines courtes, fortes et serrées, en lignes régulières et terminées par un poil de même longueur que les épines. Antennes ferrugineuses, scabres et poilues, le dernier article noir. Tête à épines assez fortes et longues, revêtues d'un duvet blanc. Marge du pronotum assez large et relevée, laissant à peine voir quelques cellules, non anguleuse aux angles postérieurs. Carène médiane du pronotum plus haute que les latérales et avec de grandes cellules; carènes latérales un peu arquées, à concavité extérieure; ampoule très forte, conique et chargée d'épines comme les bordures. Élytres à carènes très saillantes et épineuses; marge latérale très étroite, sans apparence de cellules et non distincte de l'espace latéral qui est d'égale largeur dans toute l'étendue de l'élytre; espace discoïdal lancéolé, très aigu à ses deux extrémités; espace sutural à peine plus large en arrière qu'en avant et par conséquent pas d'espace apical. Pattes ferrugineuses, scabres et velues. Long. 2.

Deux exemplaires connus, un d'Avignon trouvé par M. Nicolas, l'autre de Madrid dans la collection Signoret.

TABLE DES GENRES

DU 1er VOLUME (1).

Acanthothorax 169
Acompus..................... 53
Aëpophilus.................. 145
Allaeorhynchus 181
Aneurus...................... 139
Anisops 217
Anomaloptera 31
Antipalocoris................. 216
Aoploscelis.................. 49
Aphelochirus................. 210
Aradosyrtis 140
Aradus....................... 129
Arocatus 12
Artheneis 27
Beosus....................... 65
Blissus...................... 22
Brachyplax 34
Caenocoris 13
Camptotelus 31
Campylostira................. 92
Cantacader................... 88
Cerascopus.................... 166
Chilacis 27
Coranus 176
Corisa........................ 220
Cymodema 19
Cymus....................... 18
Derephysia 104
Dictyonota 100
Dimorphopterus.............. 21
Drymus 70
Emblethis.................... 66
Engistus 22
Eremocoris 72
Erianotus 207
Eurycera...................... 106
Galeatus 105
Gastrodes.................... 80
Geocoris 24
Gerris........................ 153
Gonianotus................... 67
Harpactor 178

(1) Le Synopsis complet formerait un trop fort volume, nous préférons le diviser en deux. Le 1er volume, composé des trois premières livraisons, renferme les dernières familles dans leur ordre naturel ; le 2e renfermera les premières familles (Pentatomides, Coreides et Berytides) ; les Capsides seuls qui termineront ce volume ne seront pas à leur place, qui devrait être avant les Hydrocorises.

La 1re livraison (page 1 à 82) a paru le 1er août 1878.

La 2e livraison(page 88 à 159) a paru le 15 juillet 1879.

La 3e livraison (page 160 à 245) a paru le 1er Octobre 1880

Hebrus 142
Henestaris 22
Heterogaster 28
Holcocranum 28
Holotrichius 174
Hyalochilus 58
Hydrometra 148
Icus 43
Ischnocoris 48
Ischnodemus 21
Ischnonyctes 167
Ischnopeza 68
Ischnorhynchus 19
Lamprodema 46
Lamproplax 242
Lasiocoris 54
Lasiosomus 52
Leptopus 205
Lygaeosoma 11
Lygaeus 9
Macrodema 47
Macropterna 32
Mesovelia 146
Metapterus 167
Metopoplax 240
Mezira 139
Microplax 33
Microtoma 60
Microvelia 149
Monanthia 106
Nabis 183
Naucoris 211
Nepa 214
Neurocladus 68
Notochilus 76
Notonecta 217
Nysius 14
Oncocephalus 171
Orsillus 13
Orthostira 94
Oxycarenus 34
Pachymerus 60
Paromius 38
Pasira 173
Pelegonus 209
Peritrechus 54
Phymata 126
Piesma 84
Piezoscelis 52
Pionosomus 48
Pirates 173
Platyplax 30
Plea 216
Plinthisus 44
Plociomerus 39
Ploiaria 164
Proderus 43
Prostemma 181
Pterotmetus 47
Pygolampis 170
Pyrrhocoris 81
Ranatra 214
Reduvius 175
Rhyparochromus 49
Salda 193
Sastrapada 171
Scolopostethus 73
Serenthia 89
Sigara 237
Stygnus 53
Tingis 105
Trapezonotus 58
Tropistethus 44
Velia 150

OUVRAGES DU MÊME AUTEUR :

	Prix franco.
1° CATALOGUE DES HÉMIPTÈRES D'EUROPE, 2e édition, 1875	Fr. 4 »
2° id. édition sur seule colonne pour étiquettes ou registre de notes................	6 »
3° SYNOPSIS DES HÉMIPTÈRES DE FRANCE.	
1re partie, 1878 (Lygéides)........................	3 »
2e partie, 1879 (Tingitides, Aradides, Hydrométrides).	3 »
3e partie, 1880 (Reduvides, Saldides, Hydrocorises)..	3 »
4e partie, *en préparation* (Pentatomides, Coreides, Berytides)	
4° FAUNULE DES HÉMIPTÈRES DE BISKRA (avec Lethierry), 1 pl, col., 1875	3 »
5° CATALOGUE DES HÉMIPTÈRES DE L'ALSACE ET DE LA LORRAINE (avec Reiber), 1876 et 1880.................	2 »
6° NOTES POUR SERVIR A L'HISTOIRE DES HÉMIPTÈRES. 3 cahiers avec 2 pl. col., 1873-74-75......................	4 »

S'ADRESSER DIRECTEMENT AU Dr PUTON,

à REMIREMONT (Vosges).

www.ingramcontent.com/pod-product-compliance
Ingram Content Group UK Ltd.
Pitfield, Milton Keynes, MK11 3LW, UK
UKHW051022210726
13857UKWH00007B/1234

9 782012 931183